下穿机场隧道修建技术

马 栋 编著

科学出版社

北京

内 容 简 介

本书共7章,以下穿首都机场L滑行道顶进箱涵工程和T2-T3航站楼连接线暗挖隧道工程施工关键技术为基础,针对飞机不停航条件下工程实施过程中面临的技术难题和施工风险,以工程科研项目为依托,通过数值模拟、模型试验、理论分析、现场监测和工程应用检验等手段,系统地总结机场跑道下隧道(顶进箱涵)工程超前支护、开挖、衬砌、道面沉降观测及控制等技术问题。本书主要内容包括绪论、飞机移动荷载与隧道结构相互作用、长大管幕支护力学特性、长大管幕施工技术、大断面隧道开挖及支护技术、大断面箱涵顶进施工技术、道面沉降监测方法及结果分析。

本书可供隧道及地下工程设计、施工、科研人员及高等院校土木工程专业师生学习和参考。

图书在版编目(CIP)数据

下穿机场隧道修建技术 / 马栋编著.—北京:科学出版社,2019.6

ISBN 978-7-03-059972-8

Ⅰ.①下… Ⅱ.①马… Ⅲ.①机场建筑物-大断面地下建筑物-隧道施工 Ⅳ.①V351.1

中国版本图书馆 CIP 数据核字(2018)第 285196 号

责任编辑:孙伯元 罗 娟 / 责任校对:郭瑞芝
责任印制:吴兆东 / 封面设计:蓝正设计

科学出版社 出版
北京东黄城根北街 16 号
邮政编码:100717
http://www.sciencep.com

北京九州迅驰传媒文化有限公司 印刷
科学出版社发行 各地新华书店经销
*
2019 年 6 月第 一 版 开本:720×1000 B5
2019 年 6 月第一次印刷 印张:18 1/2
字数:368 000
定价:118.00 元
(如有印装质量问题,我社负责调换)

序

　　隧道和地下空间的开发和利用,进一步拓展了人类生存和发展的空间,受到各行各业的高度重视。我国已成为世界上隧道和地下工程数量最多、发展速度最快的国家。在建设过程中,工程活动的安全问题正引起人们的广泛关注,如何减小工程活动对地表建筑物、地面交通等周边环境的影响至关重要。目前关于隧道下穿既有建筑物、道路、铁路、河海等的课题已取得了不少研究成果,而修建下穿运营中机场跑道的地下通道工程,与其他穿越建筑物、构筑物的工程相比,面临更高的安全风险,有更高的施工控制要求,且国内外可供借鉴的经验不多。

　　该书的研究历时 7 年,在借鉴我国既有隧道及地下工程修建经验的基础上,以下穿首都机场 L 滑行道立交通道和 T2-T3 航站楼连接线暗挖隧道工程为依托,运用现场调研、理论分析、数值模拟、模型试验、现场反复验证等手段,围绕机场滑行道下顶进长大箱涵、不停航机场跑道下大断面隧道修建等关键难题,对该工程修建的理论方法和关键技术进行疏理、凝练和总结,指导了现场施工,解决了针对此类工程的下穿机场滑行道、主跑道施工技术难题。

　　该书涵盖飞机移动荷载与隧道结构相互作用机理、长大管幕支护力学特性及其施工技术、大断面隧道开挖及支护技术、跑道沉降自动监测及沉降控制技术等主要内容,提出了有参考价值的理念、原则和要点,丰富了我国地下工程浅埋暗挖技术和工程实践。

　　愿作者及其科研团队继续努力,为我国隧道和地下工程建设做出更大贡献!

杜彦良

中国工程院院士

2018 年 12 月 25 日

前　言

北京首都国际机场是我国规模最大、运输生产最繁忙的大型国际航空港。机场内旅客中转、货物运输要通过机场外社会道路、场内环场路或横穿滑行道，飞机起降和场内服务车辆相互影响，制约了机场运营效率。为此，先后修建了下穿 L 滑行道立交通道和 T2-T3 航站楼连接线暗挖隧道，以彻底解决车辆横穿飞机跑道及滑行道给飞机正常起降带来的干扰和安全问题，改善场内交通运输条件。下穿 L 滑行道立交通道工程采用箱涵设计形式，长 148.3m，断面尺寸 13.7m（宽）×6.45m（高），涵顶覆土厚度 3~6m，采用顶进技术施工；T2-T3 航站楼连接线暗挖隧道工程长 1621m，为单层双跨连拱式结构，结构最大埋深 5.6m，主要位于潜水位以下粉质黏土层中，其中下穿不停航主跑道段隧道长 232m，采用暗挖法施工。

工程施工面临着重大技术和安全风险的挑战：一是机场跑道沉降控制标准高，总沉降要求小于 30mm，平整度要求小于 1‰；二是跑道上飞机滑行、起飞、降落的密度大，隧道施工过程要承受频繁的飞机动载作用，（如 A380 飞机滑行荷载达600t）；三是箱涵及隧道周边采用管棚（大管幕）进行超前支护，管棚（大管幕）施工的精度要求高且对跑道的沉降控制难度大，在国内外尚属首例；四是施工过程中飞机跑道的实时沉降监测难度高；五是施工安全风险高，超长管棚（大管幕）顶进施工、多导洞开挖、飞机跑道沉降实时监测等可能会影响相关跑道飞机的正常运营。

针对以上难题，中国铁建十六局集团有限公司联合北京交通大学、石家庄铁道大学等科研单位，组织科研攻关，开展了"机场滑行道下顶进长大箱涵技术""不停航机场跑道下大断面隧道修建技术"课题研究。其中，"不停航机场跑道下大断面隧道修建技术"获得了北京市重大专项支持，研究成果分别获中国民用航空总局科学技术进步奖一等奖、北京市科学技术奖二等奖。研究成果在工程实践中得到了成功应用，有力控制了工程风险，保证了施工安全和质量。

本书以两项科技成果为基础，由课题负责人马栋策划，北京交通大学、中国铁建十六局集团有限公司等单位参与编写。第 1 章由马栋编写，介绍国内外工程技术现状、首都机场连接线工程特点和技术难点；第 2 章由孙晓静、谭忠盛编写，通过数值模拟和现场监测，分析飞机移动荷载对首都机场飞机跑道下隧道支护体系的位移变化规律、受力特点的影响,为工程提供重要参考;第 3 章由谭忠盛、孙晓静编写,介绍不停航条件下暗挖隧道管幕模型试验,通过对不同管幕布置形式、不同管幕直径下浅埋暗挖过程的沉降及内力变化规律进行对比,总结长大管幕支护力学特性,为控制工程结构的整体下沉及地表沉降提供依据;第 4 章由马栋、张晓峰、黄立新编写,介绍长大管幕施工技术,重点介绍微型盾构掘进方向控制、钢管顶力控制、管幕保压与减阻技术;第 5 章由马栋、陈佑新、王武现、羿生钻编写,介绍平顶直墙隧道开挖支护、注浆、衬砌施工和飞机跑道沉降控制技术;第 6 章由马栋、陈佑新、黄立新编写,介绍 ϕ325mm 管棚保护下长 148m 大断面箱涵顶进施工技术,主要包括大管棚超前预支护、小导洞及下滑道设计及施工、箱涵预制及顶进、顶进减阻、地表沉降控制技术等;第 7 章由马栋、谭忠盛、孙国著编写,介绍道面沉降监测目的及控制标准、飞机跑道沉降监测方法、飞机跑道及滑行道沉降监测结果分析。

本书的编写得到王梦恕院士等专家学者的精心指导和帮助,本书参考了有关单位和专家的技术资料,并引用了其中部分内容及试验数据。与本书有关的工程项目在施工过程中得到科研合作单位、工程建设指挥部、监理单位和现场项目部广大技术人员的大力支持和积极配合,在此一并向他们致以诚挚而衷心的感谢。

由于作者水平有限,书中难免存在不足,恳请读者予以批评指正。

马　栋

2018 年 5 月 18 日

目　　录

第1章 绪 论

1.1 引 言

近年来,我国加快了开发利用隧道与地下空间的脚步[1],成为世界上隧道和地下工程数量最多、发展速度最快的国家[2]。在建设过程中,隧道开挖引起的环境安全问题正引起人们的广泛关注,减小隧道开挖对地表建筑物、地表路面交通等的影响至关重要[3]。

目前,关于隧道穿越既有建筑物、道路、铁路、河流海峡等研究已取得不少成果,而修建下穿机场跑道的地下通道是一个较新的课题,与其他穿越建筑物、构筑物的工程相比,其安全风险控制及施工沉降控制要求更高,且国内外可供借鉴的经验不多。

国内外下穿公路、铁路、地铁、地表建筑物及地下构筑物的隧道工程实例较多,但下穿机场滑行道及飞机跑道的隧道工程很少,能检索到的工程只有以下几个。

在国外,2000年,瑞士在苏黎世国际机场运营区下修建了两条防水单壳地铁隧道。2001年,德国在斯图加特机场跑道下修建了圆形单轨隧道。

在国内,2007年,北京在首都国际机场采用箱涵顶进法施工穿越机场滑行道。2009年,上海修建的仙霞西路隧道穿越运营中的虹桥国际机场绕滑道、巡航道、导航灯基座等重要设施,采用大直径泥水盾构施工。

此外,上海浦东国际机场修建了东西垂直连接滑行道下穿二、三号地下通道;伦敦希斯罗国际机场在滑行道和站坪机位下方,采用内径8.1m的土压+气压双模式盾构修建了两个铁路隧道。

为了提高机场货运、客运效率,减少与飞机跑道及滑行道的相互交叉影响,首都国际机场先后开展了下穿L滑行道的立交通道工程和T2-T3航站楼连接线暗挖隧道工程。为不影响飞机的正常起降与机场的正常运营,隧道必须在不停航的条件下进行建造,地表沉降控制要求极为苛刻,施工技术难度也非常大。

本书基于上述工程所面临的技术难题,由施工单位联合高校、科研单位共同开展研究,取得了以下技术成果:大管棚超前护顶预支护技术,小导洞开挖技术,跟踪注浆技术,化学注浆润滑技术,衬砌分块施工技术,飞机移动荷载与隧道开挖相互作用理论分析方法,跑道沉降自动监测及沉降控制技术,地中位移光纤测试技术,长大管幕顶进技术,管内同步注浆技术,长大管幕导向技术,双向顶进合拢段暗挖及接头处理技术,箱涵中继间与接头防水,曲线箱涵采用的顶进直涵,滑板、后背设计,掌子面预加固,顶进箱涵测控纠偏等,共计专利15项。其他成果还包括北京市科学技术奖二等奖1项、中国民用航空总局科学技术进步奖一等奖1项、工法8项、硕士学位论文3篇、科研论文20余篇。

1.2　首都机场连接线工程概况

1.2.1　工程介绍

1. T2-T3航站楼连接线暗挖隧道工程

目前,受场内飞机跑道隔断影响,首都国际机场东区与西区旅客中转只能依附机场外社会道路和场内环场路。场外社会道路受交通拥堵影响,登机时间不能保障,场内道路需穿越多条滑行道与飞机相互交叉制约,并与场内服务车辆相互干扰,机场运营效率随着逐步增加的航班架次日趋下降。中央主跑道飞机起降频繁,跑道一旦停止运行,对机场影响不可估量,经济损失和政治影响更是不可想象。为了解决这一难题,中国民用航空总局批准修建T2-T3航站楼连接线工程。

该工程位于首都国际机场T2和T3航站楼之间,西端接入T2航站楼前停机坪和地面道路,东端接入T3航站楼的地面道路。隧道为单层双跨连拱式结构,两条隧道主体部分相互平行并垂直于下穿使用中的机场跑道。其中,一条隧道是以运输中转旅客为主的捷运隧道,如图1.1和图1.2所示,长1621m;另一条隧道是通行行李拖车、配餐车、摆渡车为主的汽车隧道,长1265m,隧道下穿不停航跑道段长232m。隧道结构最大埋深5.6m,隧道主要位于粉质黏土层中,大部分位于潜水位以下。该工程采用管幕保护下浅埋暗挖法施工。

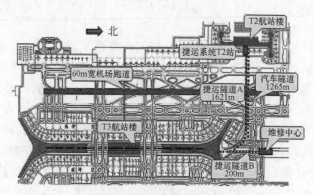

图1.1　捷运隧道平面位置

图 1.2 捷运隧道横剖面

标准截面总宽 23.2m,总高 8.55m,中间设置中墙;捷运隧道净宽 10.3m,结构净高 6.05m,汽车隧道净宽 10.1m,结构净高 5.07m。顶板厚 1.1m,底板厚 1.2m,边墙厚 1.0m,中墙厚 0.8m。将东西两侧暗挖隧道开挖面沿宽度方向分成五部分,沿高度方向分成两部分,总共 10 个导洞,导洞划分情况及管幕布置如图 1.3 所示。

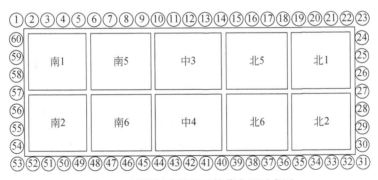

图 1.3 导洞划分情况及管幕布置示意图

2. 首都机场 L 滑行道下顶进箱涵工程

首都国际机场西跑道是国际航班起降的主要跑道,连接西跑道与 4 号停机坪及 T2 航站楼停机坪的 L 滑行道是机场最繁忙的滑行道之一[4]。该滑行道不仅承担飞机的滑行,也是机场南区国航货运调往北区货场及 T1、T2 航站楼之间必须平交横穿的滑道。货车往返均要与滑行的飞机互让,这经常导致航班停滑和排队等候。这种情况不但影响航班的正常起飞并造成大量的货物积压,给机场带来巨大的经济损失,而且严重影响航班正常起降和滑行安全。为了彻底解决货运车横穿L 滑行道对飞机正常起降的干扰和安全问题,大幅提高货运效率,中国民用航空总局批准新建下穿 L 滑行道的立交通道工程。

该工程采用箱涵顶进技术施工,采用超前管棚进行预加固。立交跑道总长、顶进箱涵和超前管棚长度均为 148.3m,顶进箱涵与 L 滑行道轴线的平面夹角约为45°,其平面布置情况如图 1.4 所示,施工现场如图 1.5 所示。

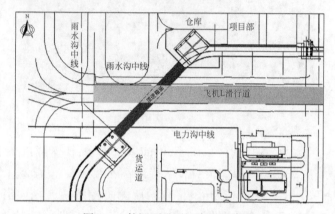

图 1.4　箱涵顶进平面布置示意图

图 1.5　箱涵顶进施工现场

该工程断面尺寸宽 13.7m,高 6.45m,涵内每孔净空尺寸宽 6m,高 5m,管棚采用 φ325mm×10mm 螺旋钢管,如图 1.6 所示。涵顶覆土厚度 3～6m,其中道面厚0.4m,二灰混料 0.4m,人工填土 2m。

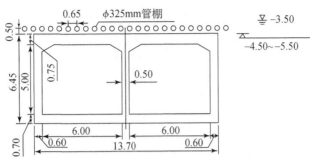

图 1.6　大管棚下顶进箱涵断面尺寸(单位:m)

1.2.2　工程地质情况

1. 地质概况

场地位于北京平原区的东北部,温榆河、小中河之间的二级阶地及一级阶地之上。场地地势西北高、东南低。由于机场管制及工程所在地的特殊性,主跑道及滑行道所处范围 210m 的地质情况不明,仅在东、西工作井位置进行勘察,勘察结果如图 1.7 和图 1.8 所示。

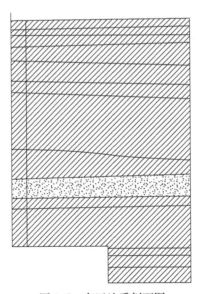

图 1.7　东区地质剖面图

勘察揭露 40m 深度范围内,地层表层为人工填土,其下为一般第四纪冲洪积成因的黏性土、粉土、砂类土。各土层的岩性特征详述如下。

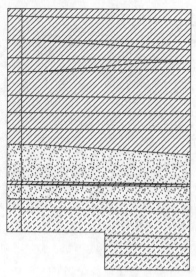

图 1.8 西区地质剖面图

粉质黏土素填土①层：黄褐色，稍湿、稍密，以粉质黏土为主，含植物根、少量砖屑及有机质等。该层厚度为 0.8～2.0m。

粉质黏土②层：黄褐色～褐黄色，稍湿～饱和、密实，含氧化锰、钙质结核，夹粉土②₁、黏土②₂透镜体。该层厚度为 3.8～5.8m。

粉质黏土③层：褐灰色，稍湿～饱和、密实，含氧化铁、有机质等，局部含有少量黏砂，夹黏土③₁③₃、粉土③₂③₄透镜体，该层厚度为 11.7～16.8m。

中砂④层：褐灰色，饱和，中密～密实，主要矿物成分为石英、云母、长石等，局部夹粉砂薄层。该层厚度为 1.7～5.0m。

粉质黏土⑤层：褐灰～褐黄色，密实，稍湿，含氧化锰、钙质结核，夹粉土⑤₁，该层厚度为 0.4～7.8m。

粉土⑥层：褐灰色～褐黄色，稍湿～湿，密实，含氧化铁、钙质结核、少量有机质，含少量黏砂，夹黏土⑥₁透镜体，含有少量黏砂。该层最大揭露厚度为 4.5m。

各土层物理力学参数如表 1.1 所示。

表 1.1　土层物理力学参数

岩土名称	深度 /m	厚度 /m	容许承载力/kPa	压缩模量 E_s/MPa	重度 γ /(kN/m³)	泊松比 ν	内摩擦角 φ/(°)	黏聚力 c/kPa
粉质黏土素填土①层	0～1.4	1.4	100	3.00	18	0.35	10	15
粉质黏土②层	1.4～4.3	2.9	110	4.36	19.6	0.35	18	22

续表

岩土名称	深度/m	厚度/m	容许承载力/kPa	压缩模量 E_s/MPa	重度 γ/(kN/m³)	泊松比 ν	内摩擦角 φ/(°)	黏聚力 c/kPa
黏土②₂层	4.3～5.4	1.1	110	3.13	19.3	0.35	18	30.4
粉土②₁层	5.4～6.9	1.5	110	5.31	18.2	0.35	18.1	30.6
粉土③₂层	6.9～8	1.1	160	12.26	20.4	0.3	30	28
黏土③₁层	8～12	4	120	9.77	18.3	0.4	12	39.7
粉质黏土③层	12～14	2	130	5.76	19.9	0.35	14.1	20
黏土③₃层	14～16.2	2.2	120	9.77	18.3	0.4	12	39.7
粉土③₄层	16.2～19.5	3.3	160	12.26	20.4	0.3	18	28
中砂④层	19.5～23.5	4	200	20	19	0.25	28	28
细砂⑤₃层	23.5～25.9	2.4	200	15	19	0.28	28	45
粉质黏土⑤层	25.9～27.2	1.5	180	11.7	19.8	0.35	18	28
粉土⑤₁层	27.2～30.5	3.3	200	17.28	20.1	0.3	28	34
粉土⑥层	30.5～31.9	1.4	200	21.5	20.7	0.3	30	34
黏土⑥₁层	31.9～33.10	1.2	160	11.27	18.7	0.4	15	49
粉土⑥层	33.1～35.0	1.9	200	21.5	20.7	0.3	30	34

进行加权平均计算,土层主要参数如表 1.2 所示。

表 1.2 土层加权参数

参数	压缩模量 E_s/MPa	重度 γ/(kN/m³)	泊松比 ν	内摩擦角 φ/(°)	黏聚力 c/kPa
加权平均值	12.20	19.6	0.33	20.58	31.80

下穿主跑道暗挖隧道工程地质剖面如图 1.9 所示。

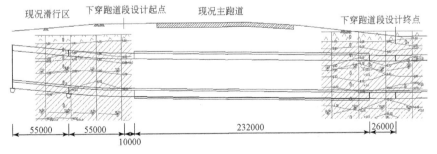

图 1.9 下穿主跑道暗挖隧道工程地质剖面(单位:mm)

2. 岩土工程分析与评价

良乡—前门—顺义断裂在塔河处穿过首都国际机场扩建工程建设用地并向西南方向穿过机场东跑道。该断裂在晚更新世以后活动微弱,垂直升降运动不明显,建设用地处于该断裂的不活跃段,机场东跑道以及断裂附近的机场老航站楼、T1航站楼使用状况良好,该断裂对工程的危害属小级。南口—孙河断裂离建设区较远(约 3.5km),建设区第四纪覆盖层巨厚,可以不考虑该断裂对工程的影响。

首都国际机场扩建工程建设用地位于北京市 5 个地面沉降中心之一的顺义平各庄沉降中心西南侧约 3.5km 处,该地区 1985～2003 年累计沉降量为 210～230mm,平均沉降速率约为 10mm/a,建设区地面沉降比较平稳,建设用地遭受地面沉降的危害属小级。

(1)地震效应评价:本书介绍的工程位于地震基本烈度 8 度区内。

场地分类及场地土分类:该场地土的类型为中软土,场地类别为Ⅲ类。

液化判别:地基土在抗震设防烈度为 8 度时不液化。

(2)地基基础方案分析评价。

场地均匀性评价:地基土层在水平向分布较均匀,成层性好,可判定场地为均匀地基,为可进行建设的一般场地。

地基承载力分析:根据取得的室内外试验成果,人工填土①层及夹层因土质结构松散,均匀性差,不经处理,不宜作为天然地基,其他各主要土层承载力特征值见表 1.3。

表 1.3　各主要土层地基承载力特征值

岩土名称	地基承载力特征值/kPa	岩土名称	地基承载力特征值/kPa
粉质黏土②层	110	粉质黏土⑤层	180
粉土②$_1$层	130	粉土⑤$_1$层	200
粉质黏土③层	130	黏土⑤$_2$层	160
黏土③$_1$层	120	细砂⑤$_3$层	200
粉土③$_2$层	160	粉土⑥层	200
中砂④层	200	黏土⑥$_1$层	160
粉质黏土④$_1$层	160		

注:(1)地基持力层为粉质黏土③层及其夹层,满足承载力设计要求。

(2)表中承载力特征值均未按基础深度、宽度进行修正。

本段线路穿越的土石可挖性分级划分见表 1.4。

表 1.4 土石可挖性划分表

层底标高/m	岩土名称	土石可挖性分级
29.76～地面	粉质黏土素填土①层	I
4.67～29.76	粉质黏土②层	II
	粉土②₁层	I
	黏土②₂层	II
	粉质黏土③层	II
	黏土③₁层	II
	粉土③₂层	I～II

1.2.3 支护结构及施工方法

1. 首都机场 L 滑行道下顶进箱涵工程

为保持顶涵时涵顶之上覆土体稳定,控制道面沉降,于顶进前施工大管棚进行超前支护。棚管采用 ϕ325mm×10mm 螺旋钢管,单根长度 148m,总根数 23 根(图 1.6),棚管中心距箱涵结构上缘 0.5m,管中心距 0.65m。

管棚施工采用水平导向钻孔并回拖棚管的方法以保证施工精度。为控制道面隆起或沉降,钻进液的压力调至 0.4MPa 以下;钻孔采取分级扩孔,控制孔径不大于 380mm,以减轻土体扰动;在回拖拉管的同时进行管外环状注浆,以充填管皮与孔壁之间的间隙。为提高管棚的承载能力,在搭设成的棚管中高压注入 C30 混凝土以提高其刚度。实测表明,此次管棚超前支护效果明显,顶涵施工全程滑行道道面沉降始终控制在允许范围内。

该工程采用南北工作坑双向分节顶进合拢施工方案,水平顶进坡度约为 2.958%。首节箱涵长 12.5m,其他节箱涵长 15.0m,北区、南区工作坑分别顶进 6 节(87.5m)和 3 节(42.5m)箱涵,北区最后一段曲涵(10.5m)采取顶进扩挖现浇方式。箱涵顶进穿越滑行道纵剖面布置如图 1.10 所示。

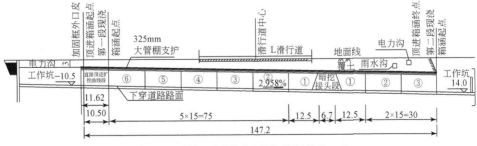

图 1.10 箱涵顶进总布置平面图(单位:m)

2.T2-T3航站楼连接线暗挖隧道工程

初期支护由喷射混凝土、连接筋、钢筋网及型钢格栅组成。初期支护结构横剖面图如图 1.11 所示,衬砌采用厚 350mm/300mm,C20 喷射混凝土,钢筋网为 $\phi 6.5mm@150mm \times 150mm$,搭接长度为 150mm;钢筋格栅内外保护层厚度均为 40mm,前后榀格栅内外侧均设 $\phi 22mm$ 连接筋,环向间距 1.0m,纵向钢筋接头采用单面搭接焊,搭接长度为钢筋直径(d)的 10 倍。马头门处格栅进行 3 榀密排,格栅间距为 750mm,单导洞共 314 榀。

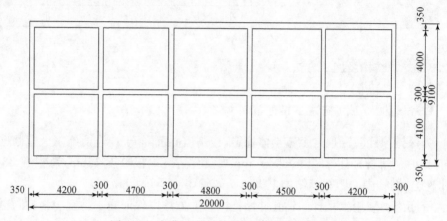

图 1.11　初期支护结构横剖面图(单位:mm)

二次衬砌结构采用抗渗等级为 P10 的 C40 防水混凝土,结构受力主筋外侧保护层为 45mm,内侧保护层为 40mm;内部结构采用 C40 混凝土,主筋外侧保护层为 35mm,基础垫层采用 C20 混凝土。浅埋暗挖隧道结构尺寸及支护参数如图 1.12 及表 1.5 所示。

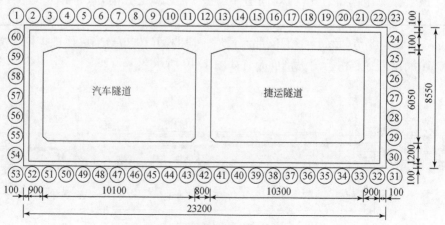

图 1.12　二次衬砌结构横剖面图(单位:mm)

表 1.5　浅埋暗挖结构尺寸和支护参数表

明细		材料及规格	结构尺寸
初期支护	管幕	HPB235,钢管	$\phi970mm,t=16mm$
	掌子面加固	水泥浆液	$\phi600mm@1200mm$,梅花形布置
	型钢钢架	HRB235	I22a 热轧宽幅工字钢
	钢筋网	双层,位于格栅内外侧	$\phi6.5mm@150mm\times150mm$
	纵向连接筋	双侧设置	$\phi20mm$,间距 1m
	喷射混凝土	C20	350mm/300mm
二次衬砌	顶板	C40,P8	1.1m
	侧墙	C40,P8	1.0m
	底板	C40,P8	1.2m
	中墙	C40	0.8m

注:t 为管幕壁厚度。

根据工程水文地质及实际情况,拟定两种管幕布置方案,即方案 A:"口"字形封闭管幕;方案 B:"门"字形不封闭管幕。

采用"口"字形管幕布置时,由于形成封闭的结构,在管幕内填压水泥浆液,连同锁口型钢形成刚性很大的矩形框架结构,能起到很好的超前棚护作用。同时,在锁口处进行注防水后,就可形成封闭的围幕,暗挖施工时只要掌子面进行必要的加固即可有效地控制地下水。但此种布置形式虽然管幕数量大,造价稍高,但可以有效控制地下水的补给,降低了施工难度,对控制地层变形也较为有利,在地下水丰富的地区较有优势。

当地层条件较好时,常用的一种布置形式为"门"字形,采用"门"字形管幕布置时,由于未能形成封闭管幕,地下水需单独处理。此种布置形式,管幕数量较少,造价较低,但施工时需要考虑洞内排水。两种管幕布置形式的优缺点对比如表 1.6 所示。

表 1.6　管幕布置形式对比

对比明细	"口"字形	"门"字形
钢管根数	60	37
隧道沉降控制	易控制	相对不易控制
地下水处理	掌子面封闭即可止水	需要降水及其他封堵措施
施工周期	3 个月	4.5 个月
盾构台数	4	2
施工难度	一般	一般
顶推精度	较好	一般
可靠度	好	一般

考虑下穿机场主跑道的特殊性和隧道施工安全可靠性,结合对本书相关工程所在处地质与水文地质的分析,采用全封闭式"口"字形布置,管幕施工顺序如图 1.13 所示,管幕顶进施工现场如图 1.14 所示。

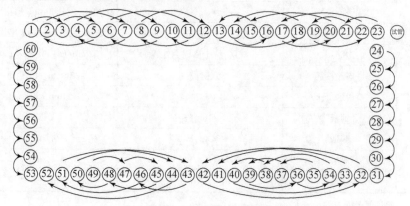

图 1.13　管幕施工顺序图

图 1.14　管幕顶进施工现场

1.3　工程难点分析

(1)机场跑道沉降控制标准极高,总沉降要求小于 30mm,平整度要求小于 1‰,而隧道跨度大(23.9m),埋深小(仅 5.6m),覆跨比只有 0.23,且隧道为平顶直墙结构,地层为含水量较大的粉质黏土,稳定性差。隧道施工过程的沉降控制极为困难,稍有不慎就会导致跑道沉降超标、塌方,甚至导致机毁人亡的重大事故。

(2)跑道上飞机滑行、起飞、降落的密度很大,隧道施工过程要承受频繁的飞机动荷载作用,A380 飞机滑行荷载就高达 600t,在如此巨大动荷载的反复作用下,隧道上覆土体很容易产生松动,且在隧道衬砌施作前全部荷载由超前支护或超前支护+初期支护承担,风险极大,分析飞机动荷载与隧道开挖的相互作用影响十分困难。

(3)飞机跑道的实时沉降监测十分重要,但跑道上不能安装任何突起的传感元件,附近的测试仪器高度也有严格的限制,同时由于飞机喷气的影响,光学测量读数精度受影响较大,实现高精度连续的沉降监测难度极大。

(4)隧道周边采用 ϕ970mm、长 232m 的大管幕进行超前支护,这在国内外尚属首例,控制大直径管幕施工过程跑道的沉降,并确保长大管幕的导向精度,实现的技术难度大,施工控制十分困难。

(5)飞行区内施工限制多。受首都国际机场专机、引领及进出场、二类天气等条件限制,施工现场不确定因素较多、限制条件多、施工难度大,产生的无形降效多,施工任务重。

(6)安全风险高。不停航施工、超长管幕顶进、10 导洞暗挖、机场内消防安全、扬尘以及遗撒等都是本项目的安全控制重点,安全风险较高。

国内外有许多隧道工程穿越公路、铁路、既有建(构)筑物等相关经验和教训,但在机场不停航条件下,在机场跑道飞机起降区域下采用管幕、浅埋暗挖法以及顶进技术结合构建隧道还未见先例,没有类似工程经验可以借鉴;同时,在不停航的跑道下方进行大规模的暗挖施工作业,大量的人员、材料、设备频繁进出飞行禁区,对工程管理也提出了极大的挑战。

如此高风险、高难度的暗挖与顶进技术结合隧道工程在国内外尚属首例,没有成功的经验可借鉴。针对这一难题,为了确保工程施工的安全,中国铁建十六局集团有限公司于 2008 年开始立项研究,并于 2011 年得到北京市重大专项以及"十二五"国家科技支撑计划项目的支持,综合运用资料调研、理论分析、数值模拟分析、室内试验、现场试验、应用及验证等多种手段,针对跑道沉降监测与控制、飞机动荷载影响、管幕顶进及定位等突出难题,开展了以下几方面的研究工作。

(1)飞机移动荷载与隧道结构的相互作用。

(2)暗挖隧道长大管幕支护力学特性。

(3)暗挖隧道长大管幕施工技术。

(4)大断面隧道开挖及支护技术。

(5)大断面箱涵顶进技术。

(6)道面沉降监测技术。

第 2 章　飞机移动荷载与隧道结构相互作用

2.1　概　　述

由于飞行区具有特殊性,在隧道下穿机场跑道工程中,隧道施工引起的沉降可能造成机场跑道不平坦,甚至开裂,影响跑道的使用寿命及飞机的运行安全。同时,作为地表硬壳层,跑道结构刚度比深层土体大,抵抗变形的能力也远大于深层土。地面沉降量小于深层扰动土体,这可能导致硬壳层和下方土层脱离、土体中的孔隙增大,从而成为安全隐患。机场下修建隧道工程除考虑施工阶段安全性能以外,还要考虑在运营期间飞机和机车之间的相互影响,特别是飞机移动荷载对隧道结构安全性能的影响。动荷载作用下隧道的动力响应一直是工程界和学术界亟待解决的一个问题。

隧道穿越机场跑道是一个新颖而且富有挑战性的新课题,目前国内在机场下实施地下穿越的工程很少。不同地形地质环境所采用的施工方法及工法各不相同,主要有新奥法、盾构法、明挖法和暗挖法等。目前,我国北京、深圳、南京、重庆、武汉、天津、沈阳和青岛等大城市正在建设地下铁道或其他形式的地下交通,机场下修建隧道工程随着城市经济建设的发展会越来越多。但国内外机场下穿实例较少,飞机移动荷载对跑道下方隧道结构的影响,以及隧道开挖对机场跑道影响的相关研究资料较少,研究成果也很有限。

周华飞[5]、凌建明等[6]、张献民等[7]利用数值模拟研究了飞机移动荷载作用下混凝土道面的动力响应问题,翁兴中等[8]采用半解析法研究了飞机滑行作用下机场水泥混凝土道面板动响应问题,并将计算结果和实测结果进行了对比。许金余等[9]、梁磊等[10]对如何确定机场水泥混凝土道面动荷载系数进行了相关的研究。邢耀宗等[11]、张伟刚等[12]研究了机场刚性地面地基参数识别以及机场刚性道面模态参数的识别。罗昆升等[13]分析了飞机在预应力桥梁上着陆时对桥梁的冲击响应,对飞机动力学模型进行了简化处理,将飞机机体视为理想刚体,将飞机简化为三自由度的运动体,即纵向、垂直方向和俯仰运动。高峰等[14]计算分析了飞机动荷载作用下,机场下部隧道结构的动力响应。研究表明,隧道结构的动力响应大小与飞机移动隧道之间的相对位置关系密切。王飞[15]研究了飞机动荷载作用下隧道结构的动力响应特性,分析了飞机动荷载的影响深度,结果表明隧道结构的动力响应与飞机移动荷载的相对位置有关,隧道结构的动力响应还与飞机滑行的速度有关,滑行速度较快时,隧道拱顶位移动力响应也较大。赵爽[16]研究分析了飞机起降时对隧道稳定性的影响,得出不考虑飞机起降对隧道稳定性影响的隧道最小埋深为30m。Zaman 等[17]研究了黏弹性基础上薄板在飞机移动荷载下的动力响应,Kim 等[18]研究了飞机动荷载下飞机跑道的动力响应,Johnson 等[19]用有限元方法分析了飞机动荷载下弹性飞机跑道的响应,Datta 等[20]研究了弹性支承的平板在飞机动荷载下的振动。

本书评估的目的在于研究飞机动荷载下隧道结构的受力和变形,以及隧道开挖对机场跑道的影响,得到的普遍性规律可以用于指导隧道的设计施工,为工程建设的顺利开展提供参考依据,为交通路网的顺利建设提供保障。

2.2 飞机动荷载模拟

由于现有的飞机机型较多,作用在跑道上的移动荷载也存在很大区别。目前,世界上最大的机型为空中客车 A380 飞机,其荷载在所有机型中对飞机跑道道面作用最大。首都国际机场 T2-T3 航站楼连接线所穿越的跑道上 A380 飞机起降频次较为频繁,因此选择 A380 飞机作为外荷载,全面深入地分析飞机移动荷载作用对机场下穿隧道洞室及跑道板的影响规律。

2.2.1 A380 飞机外形及荷载参数

A380 飞机的基本参数见表 2.1。

表 2.1 A380 飞机的基本参数[21]

最大滑行重量	592000kg(1305125lb)
前轮尺寸	1400×530R23in
前轮压力	11.8bar(171psi)
机翼起落架尺寸	56in×22R24in
机翼起落架压力	13.6bar(197psi)
主起落架尺寸	56in×22R24in
主起落架压力	13.6bar(197psi)

注:1bar=0.1MPa,1psi=6.895×10^{-3}MPa,1lb=0.453592kg,1in=2.54cm。

飞机形状及各起落架轮子分布如图 2.1 和图 2.2 所示。

2.2.2 飞机活动状态分析

飞机在跑道面上的所有活动,包括滑行、起飞、降落等,都会对跑道产生动力影响。一方面,随着飞机滑行速度的增大,机翼产生的提升力使机轮对跑道的压力减

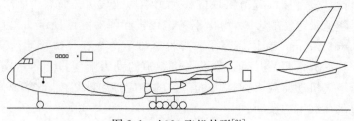

图 2.1　A380 飞机外形[21]

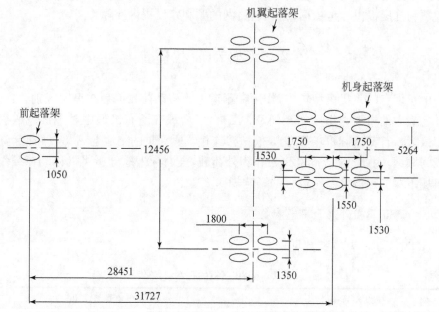

图 2.2　A380 各起落架轮子分布[21]（单位:mm）

小;另一方面,当机轮通过道面不平整处时将会产生冲击作用。这种冲击作用增大了飞机荷载对跑道的作用效果。冲击作用的大小与跑道的平整状况及飞机运动速度有关,跑道越不平整,冲击作用越大。因此,对机场跑道的平整度应该有严格的要求。

此外,飞机降落时,跑道端部的道面会受到机轮的撞击,这种机轮的撞击作用与飞机的飘落高度有关,取决于飞行员的驾驶水平。通常规定,当飞机在距地面0.5~1m 时开始飘落是正常着陆。如果飞机飘落高度超过这个规定,就是粗暴着陆。粗暴着陆会使道面受到巨大的冲击,容易引起机件损坏,甚至造成安全事故。由图 2.3 可知,正常着陆时,机轮对道面的冲击荷载不超过静荷载;粗暴着陆时,道面受到的冲击荷载是静荷载的 3 倍。现代飞机起落架都有较好的缓冲装置,飞机对道面的冲击力大为减小。粗暴着陆虽然对机场道面危害很大,但因其违反操作规程,危及飞行安全,所以机场道面设计中不考虑粗暴着陆的影响。

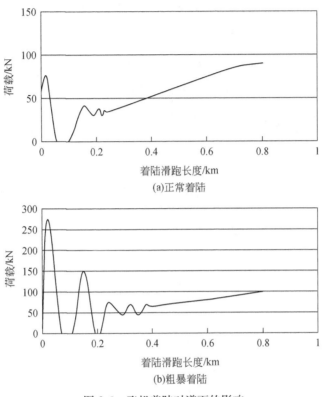

图 2.3　飞机着陆对道面的影响

1994 年 4 月,空军工程学院和南昌飞机制造公司 605 研究所,对 Q5-II 型飞机动荷载进行实测,并对 J8-II 和 H-6 飞机的试飞资料进行统计分析,得到了比较系统和有价值的结论:

(1)着陆时的竖向荷载比较复杂,受飞行员技术、心理、环境和气象等因素影响。着陆动荷载系数 β 为 0.16~2.34。飘落时,竖向荷载很小;粗暴着陆时,冲击荷载很大,会损坏起落架甚至出现安全事故。一般着陆动荷载系数为 $\beta=0.5~1.27$。

(2)滑行可分为起飞滑跑、着陆滑跑和正常滑行。一般地,当飞机在 15~30km/h 滑行时动荷载系数 β 较大。飞机滑行时动荷载系数 β 在 1 上下波动,波动范围是 1±0.5~1±0.75,发生频率较高的范围是 1±0.05~1±0.35。

(3)飞机试车时,最大荷载发生在发动机由大转速向小转速的过渡阶段。动荷载系数 β 为 0.68~1.36;发生频率较高的范围是 1.1~1.2。

显而易见,飞机起飞过程中,随着飞机滑行速度的增加,机翼产生的升力使机轮对道面的压力减小,跑道面所受的动荷载小于飞机的最大滑行荷载;飞机着陆过程中,机轮对道面产生冲击作用,这种冲击作用增大了飞机动荷载对道面的作用效果。因此,在计算中主要考虑飞机降落、滑行过程中的影响。

2.2.3　飞机动荷载简化方法

在有限元分析方法中,飞机动荷载有两种简化方式:节点动荷载直接施加在跑道板上、面动荷载作用在跑道板底面的土体上。

1. 飞机移动荷载简化为节点动荷载

根据文献[14],A380 飞机的最大滑行、起飞及着落重量分别为 5620kN、5600kN、3860kN,计算中采用最大重量 $P_t=5620$kN,主起落架荷载分配系数 $P=0.97$。A380 飞机主起落架的布置如图 2.2 所示。飞机共有 22 只轮胎,前部机轮个数 $N_1=2$,后部机轮个数 $N_2=20$。

依据飞机主起落架荷载分配系数可计算飞机的各个轮载。

飞机前轮轮载:

$$F_1=P_t\frac{1-P}{N_1}=5620\times\frac{1-0.97}{2}=84.3(\text{kN})$$

飞机主起落架轮载:

$$F_2=P_t\frac{P}{N_1}=5620\times\frac{0.97}{20}=272.6(\text{kN})$$

考虑到飞机飞行时的振动效应,将飞机振动荷载模型放大 10%,取机轮直径为 1.5m,以飞机滑行速度 55.6m/s 来计算飞机机轮转动频率:

$$f=11.8\text{Hz}$$

$$\omega=2f\times3.14=74(\text{rad/s})$$

则飞机前轮动轮载为

$$F_{11}=F_1+F_110\%\sin(\omega t)=84.3+8.43\sin(74t)$$

飞机后轮动轮载为

$$F_{22}=F_2+F_210\%\sin(\omega t)=272.6+27.26\sin(74t)$$

前后轮节点动荷载如图 2.4 和图 2.5 所示。

2. 飞机移动荷载简化为面移动荷载

跑道板厚度 0.8m,轮子荷载以集中力来考虑,按混凝土的冲切角 45°扩散到跑道板底面。由于各轮子集中荷载在道板底面的扩散区相互邻近,且道板结构是一整体,因此把每个起落架所有轮子当作整体考虑扩散到底板;后主起落架间距仅5.624m,考虑跑道板是一个整体结构,故把后两主起落架当作整体考虑计算面移

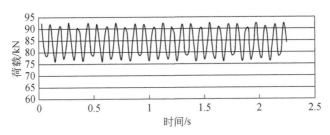

图 2.4 飞机前轮动荷载时程曲线

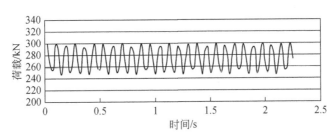

图 2.5 飞机后轮动荷载时程曲线

动荷载。

根据图 2.6 分析,若把 12 个轮子当作整体考虑,其在底板压力近似为 8754mm×5100mm 矩形均布压力。

后主起落架引起的跑道底板均布压力为

$$p_1 = \frac{2VBG + G_1}{A} = \frac{2 \times 1687.5 + 24 \times 8.754 \times 5.1 \times 0.8}{8.754 \times 5.1} = 94.8(kN/m^2)$$

同理,前主起落架若把 4 个轮子当作整体考虑,其在底板的附加压力近似按照 3130mm 考虑,其在矩形均布压力前主起落架引起的跑道底板均布压力为

$$p_2 = \frac{VWG + G_2}{A} = \frac{1125 + 24 \times 3.13 \times 3.4 \times 0.8}{3.13 \times 3.4} = 124.9(kN/m^2)$$

同理,前轮若把两个轮子当作整体考虑,其在底板的附加压力近似为 3130mm× 1700mm 矩形均布压力,前主起落架引起的跑道底板均布压力[静荷载在最前 457.7(105.2)kN;静态制动减速荷载 771kN]为

$$p_3 = \frac{VNG + G_3}{A} = \frac{771 + 24 \times 3.13 \times 1.7 \times 0.8}{3.13 \times 1.7} = 164.1(kN/m^2)$$

式中:VBG 为主起落架最大静载,等于 1687.5kN;VWG 为翼轮最大静载,等于 1125kN;VNG 为前轮制动减速荷载,等于 771kN;G_1、G_2、G_3 为面荷载作用范围内跑道板的重量,分别等于 857.19kN、102.16kN、204.33kN。

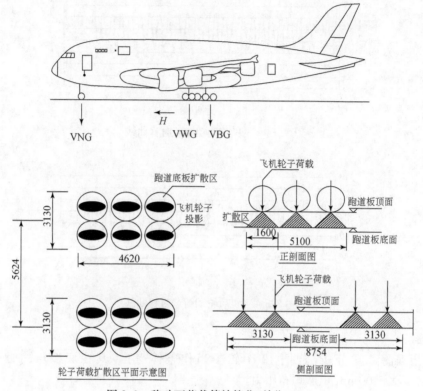

图 2.6　移动面荷载等效简化(单位:mm)

2.2.4　三维动力有限元分析模型建立

暗挖隧道结构施工阶段的动力分析与一般的结构分析差异较大,更注重施工阶段和材料本身的不确定性,因而决定岩土的物理状态显得格外重要。并且分析过程中应尽量使用实体单元模拟围岩的状态,尽量真实地模拟岩土的非线性特点、地基应力状态(自应力和构造应力)、开挖过程等,这样得到的结果比较接近实际情况。Midas/GTS 软件分析功能强大,为用户提供多种材料模型和边界条件以供选择,是进行岩土和隧道分析与设计的有效软件之一。本章主要研究隧道施工阶段,飞机移动荷载作用下隧道及支护的应力、变形,以及跑道的变形规律等,因此选择 Midas/GTS 进行动力分析。

1. 建立有限元三维模型

为加快施工进度,减少施工期对不停航跑道的影响时间,暗挖总体施工组织采取东西两端对挖。分析过程中,分别选择下穿隧道施工中可能出现的五种不利断面型式进行数值模拟计算：

(1)隧道上部 5 导洞全部贯穿,加工字钢支撑临时支护,如图 2.7(a)所示。

(2)隧道上下 10 导洞全部贯穿,隧道支护施作完成,如图 2.7(b)所示。

(3)隧道全部贯穿,隧道支护施作完成并施作竖墙,如图 2.7(c)所示。

(4)留核心土 1,如图 2.7(d)所示。

(5)留核心土 2,如图 2.7(e)所示。

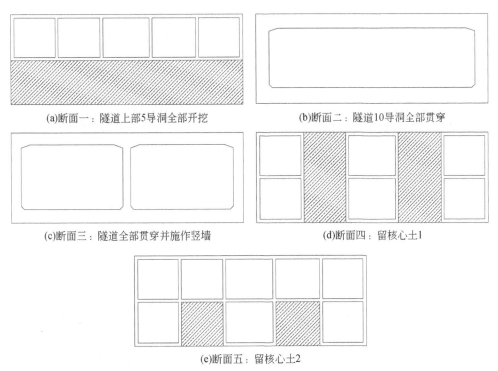

(a)断面一：隧道上部5导洞全部开挖

(b)断面二：隧道10导洞全部贯穿

(c)断面三：隧道全部贯穿并施作竖墙

(d)断面四：留核心土1

(e)断面五：留核心土2

图 2.7　计算隧道断面型式

计算采用的弹塑性模型中的莫尔-库仑模型,网格划分采用的是四面体单元,整体共 42656 个节点,188958 个单元。跑道部分共 7481 个节点,21713 个单元,支护共 18379 个节点,67770 个单元。

用 Midas/GTS 建模如图 2.8～图 2.11 所示。

管棚支护结构由 60 根长 232m、壁厚 16mm、直径 970mm 的钢管组成,模型中采用梁单元进行模拟,如图 2.12 所示。

隧道上部 5 导洞全部开挖支护为保证施工安全及控制变形,施工中加入 22♯工字钢钢支撑作为临时支护,间距为 80cm,实体模型中不易模拟,因此将其等效简化为 C25 钢筋混凝土临时支护。模型如图 2.13 所示。

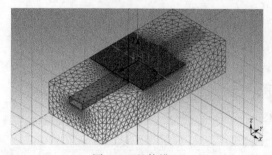
图 2.8　整体模型

图 2.9　开挖上部 5 导洞,施作临时支撑

图 2.10　隧道开挖完成,支护施作完毕

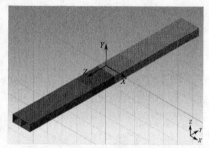
图 2.11　隧道开挖完成,支护及
竖墙施作完毕

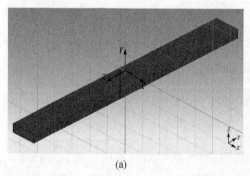
(a)

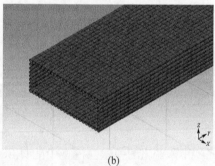
(b)

图 2.12　管幕模型

2. 特征值分析

特征值分析也称自由振动分析,用于分析结构固有的动力特征。通过特征值分析可得到结构的主要动力特性:振型、自振频率、振型参与系数等,它们由结构的质量和刚度所决定。

振型是结构进行自由振动(或变形)时的固有形状。振型变化所需的能量(或

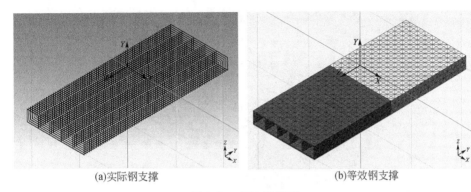

(a)实际钢支撑　　　　　　　　　　　(b)等效钢支撑

图 2.13　钢支撑模型

力)由小到大排列,分别为第一阶振型(基本振型)、第二阶振型、…、第 n 阶振型。

计算非衰减自由振动条件下的振型形状和固有周期使用的特征方程为

$$[K][\Phi_n] = \omega_n^2[M][\Phi_n] \tag{2.1}$$

式中:$[K]$ 为刚度矩阵;$[M]$ 为质量矩阵;ω_n 为第 n 个振型的频率;$[\Phi_n]$ 为第 n 个振型的振型向量。

要分析相关的振动影响和跑道板、岩土变形,先要通过特征值分析计算动力分析所需的结构第一、第二固有周期(及固有频率),将随着时间变化的飞机动荷载数据输入对应的节点上进行汽车动荷载的动力分析。进行分析后便可查看飞机动荷载作用下周围的振动影响及岩土等的挠度。

首先要定义模型的约束条件。为了进行特征值分析,利用弹性边界来定义边界条件。这里利用曲面弹簧定义弹性边界,然后利用铁路设计规范的地基反力系数计算弹簧常量。

竖向地基反力系数为

$$k_{\mathrm{v}} = k_{\mathrm{v0}} \left(\frac{B_{\mathrm{v}}}{30}\right)^{-3/4} \tag{2.2}$$

水平地基反力系数为

$$k_{\mathrm{h}} = k_{\mathrm{h0}} \left(\frac{B_{\mathrm{h}}}{30}\right)^{-3/4} \tag{2.3}$$

式中:$k_{\mathrm{v0}} = \dfrac{1}{30}\alpha E_0 = k_{\mathrm{h0}}$;$B_{\mathrm{v}} = \sqrt{A_{\mathrm{v}}}$;$B_{\mathrm{h}} = \sqrt{A_{\mathrm{h}}}$;$A_{\mathrm{v}}$ 和 A_{h} 是各地基的竖直方向和水平方向的截面积;E_0 是地基的弹性模量;α 一般取 1.0。

计算模型如图 2.14 所示。

计算完成后从特征值振型表中读取前 10 阶振型,如表 2.2 所示。第一、二阶振型对应的周期分别为:$T_1 \approx 1.06\mathrm{s}$,$T_2 \approx 0.96\mathrm{s}$。

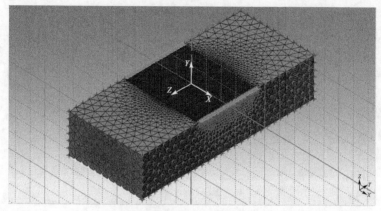

图 2.14　特征值计算模型(弹性边界)

表 2.2　特征值振型

振型	圆频率/(rad/s)	频率/Hz	周期/s	误差
1	5.928405	0.943535	1.059844	0
2	6.541083	1.041046	0.960573	0
3	7.185404	1.143593	0.874437	0
4	8.198775	1.304876	0.766357	0
5	8.389166	1.335177	0.748964	0
6	8.782094	1.397714	0.715454	0
7	9.212933	1.466284	0.681996	0
8	9.552316	1.520298	0.657766	0
9	11.067951	1.761519	0.567692	0
10	11.921132	1.897307	0.527063	0

3. 阻尼

本次计算采用瑞利阻尼。瑞利阻尼为了减少刚度比例型阻尼在高阶振型上的不确定性,用质量比例型阻尼和刚度比例型阻尼之和作为阻尼矩阵。

瑞利阻尼公式如下:

$$_s h = \frac{1}{2}\left(\frac{a_0}{_s\omega} + a_{1s}\omega\right), \quad C = a_0 M + a_1 K \tag{2.4}$$

式中:$_s h$ 为阻尼比;$a_0 = \dfrac{2_1\omega_2\omega(_1 h_2\omega - _2 h_1\omega)}{_2\omega^2 - _1\omega^2}$;$a_1 = \dfrac{2(_2 h_2\omega - _1 h_1\omega)}{_2\omega^2 - _1\omega^2}$ 。

4. 时程分析

时程分析采用的动力平衡方程如下：

$$[M]\ddot{u}(t) + [C]\dot{u}(t) + [K]u(t) = p(t) \tag{2.5}$$

式中：$[M]$ 为质量矩阵；$[C]$ 为阻尼矩阵；$[K]$ 为刚度矩阵；$p(t)$ 为动荷载；$u(t)$、$\dot{u}(t)$、$\ddot{u}(t)$ 为相对位移、速度、加速度。

时程分析是指当结构受动荷载作用时，计算任意时刻结构响应（位移、内力等）的过程。一般使用振型叠加法和直接积分法进行时程分析。

为了考虑刚度和阻尼的非线性特点，一般来说使用直接积分法。要先定义模型的边界条件，但是在此模型中为模拟随着飞机移动荷载的动力分析，用吸收边界代替弹簧来定义边界条件。为了定义吸收边界，在相应的基地特征值的 x、y、z 方向输入阻尼。计算阻尼的公式如下。

P 波为

$$C_\text{P} = \rho A \sqrt{\frac{\lambda + 2G}{\rho}} = WA\sqrt{\frac{\lambda + 2G}{9.81W}} = c_\text{P}A \tag{2.6}$$

S 波为

$$C_\text{S} = \rho A \sqrt{\frac{G}{\rho}} = WA\sqrt{\frac{G}{9.81W}} = c_\text{S}A \tag{2.7}$$

式中：$\lambda = \dfrac{\nu E}{(1+\nu)(1-2\nu)}$；$G = \dfrac{E}{2(1+\nu)}$；$E$ 为弹性模量；ν 为泊松比；A 为截面面积。

吸收边界计算模型如图 2.15 所示。

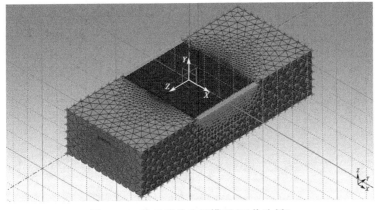

图 2.15　移动荷载分析模型（吸收边界）

2.2.5　两种荷载作用下隧道结构的动力响应分析

为确定飞机哪一种简化动荷载对隧道的影响较大,选取飞机在隧道边缘一倍洞径以外降落时的情况进行数值模拟。

动荷载沿单一方向移动,将各个轮子所施加的节点动荷载加在节点上,如图2.16所示,将各起落架等效简化的面动荷载施加在单元面上,如图2.17所示。

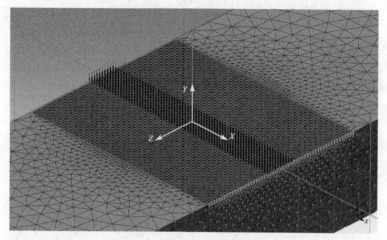

图 2.16　节点动荷载模型

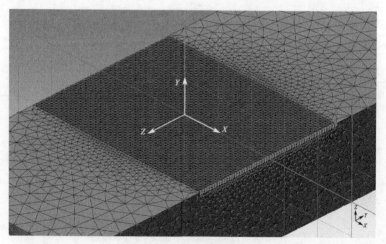

图 2.17　面动荷载模型

隧道10个导洞全部开挖贯通,飞机在距隧道边缘一倍洞径以外降落时,分别提取两种荷载作用下隧道断面的最大位移曲线,如图 2.18 所示。

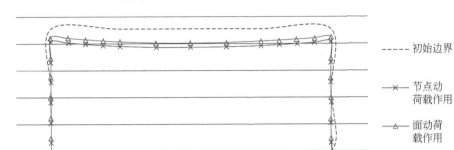

图 2.18　隧道断面各节点最大位移

右侧图例:
----- 初始边界
—×— 节点动荷载作用
—△— 面动荷载作用

由图 2.18 可以看出,两种荷载作用下的隧道最大位移曲线形状基本相同,整体呈下沉趋势。节点动荷载作用时隧道的竖向位移要大于面动荷载作用下时的竖向位移。因此,偏于安全考虑,选取节点动荷载作为荷载施加方式进行数值模拟。

2.3　飞机动荷载作用下跑道动力响应

在下穿飞机跑道的隧道施工过程中,飞机动荷载会对隧道结构产生影响,同时隧道的开挖造成跑道下方土体扰动、形成新的临空面、应力重新分配。在飞机动荷载的作用下,土体的变形规律也必然会发生变化。这种影响的范围和程度需要进行详细分析。

选取 5 个典型的最不利断面,利用 2.2.4 节建立的三维有限元模型,对施加 0 节得到的飞机简化移动荷载进行详细分析。

2.3.1　计算工况选择

计算时,选择隧道施工过程中可能出现的 5 个最不利断面型式进行分析,如图 2.7 所示。

另外,飞机着陆点与隧道相对位置的不同会造成隧道结构响应不同,计算时根据飞机前轮着陆点的不同选取以下四种工况。

工况 1:着陆点位于距隧道一倍洞径外,飞机滑行通过隧道上方跑道。

工况 2:着陆点位于距隧道一倍洞径处(距隧道边缘 23.2m),飞机滑行通过隧道上方跑道。

工况 3:着陆点位于隧道边缘,飞机滑行通过隧道上方跑道。

工况 4:着陆点位于隧道中心线上方,飞机滑行通过隧道上方跑道。

故计算考虑五个断面、四种荷载作用方式,共计 20 种分析工况。

2.3.2　隧道上部 5 导洞开挖时(断面一)跑道动力响应分析

将模型中的钢支撑等效成 350mm 的钢筋混凝土支护结构,对其进行分析,选取以下 26 个节点如图 2.19 所示。

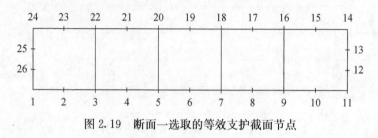

图 2.19　断面一选取的等效支护截面节点

1. 四种荷载工况动力影响对比分析

提取四种荷载工况作用下隧道等效支护断面各节点的最大位移,作出隧道等效支护断面的最大位移曲线,如图 2.20 所示。

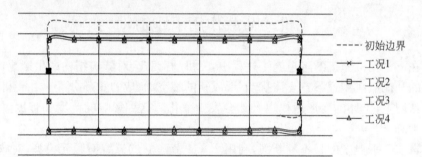

图 2.20　断面一等效支护断面各节点最大位移

由图 2.20 可以看出:

(1)在管棚和钢支撑的作用下,由于强度和刚度都比较大,飞机动荷载作用下钢支撑各个节点的竖向相对位移非常小。

(2)四种荷载工况下的隧道等效支护最大变形曲线形状相同,整体呈下沉趋势,最大竖向位移发生在洞顶 21 节点处,为 8.86mm。横向位移较小,均小于 0.2mm。

(3)工况 1、2 的节点竖向位移相差十分小,工况 4 的节点竖向位移最小,可以认为飞机在隧道边缘以外一倍洞径处降落并滑行通过隧道上方时,隧道的竖向位移最大,飞机在隧道中心线上方降落时的等效支护周边最大位移最小。

(4)四种荷载工况下,工况 2 的节点 1 的最大竖向位移为 8.47mm,略大于节点 11 的位移 8.39mm;其角点 24 的最大竖向位移为 8.73mm,略大于节点 14 的位移 8.65mm。这说明对称隧道结构中对应节点最大的竖向位移,临近飞机着陆点的部分略小于远离着陆点的部分。

2. 跑道动力响应分析

根据以上分析,飞机着陆位置不同的情况下,隧道变形曲线基本相同,而工况 2 作用下隧道等效支护变形最大,因此选取工况 2 的计算结果进行详细分析。

跑道板的竖向位移云图如图 2.21 所示。

比较图 2.21(a)~(f)可知:

(1)飞机着陆后,随着飞机向隧道区域移动,跑道板的变形随之增大。跑道板中心线变形最大,1.7~2.42s 时达到最大值 9.8mm,即跑道板竖向位移最大的时刻发生在飞机离开隧道上方跑道板区域之后。

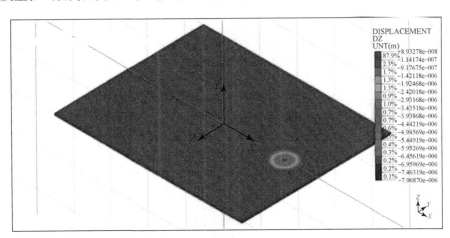

(a)0.01s

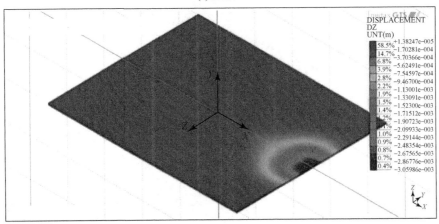

(b)0.7s

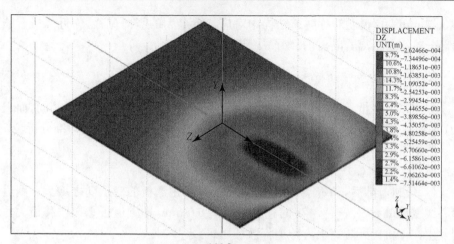

(c)1.3s

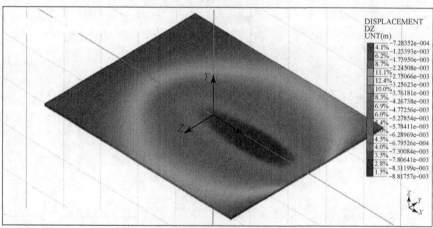

(d)1.7s

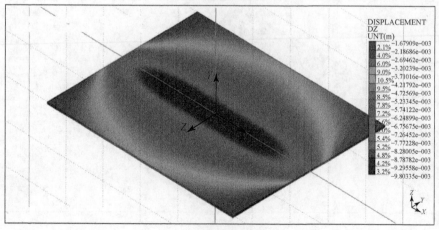

(e)2.42s

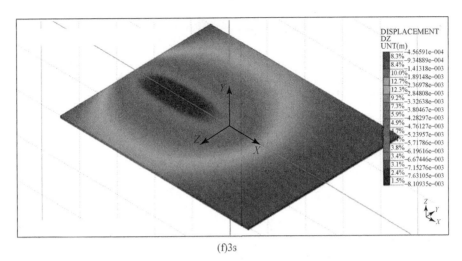

(f)3s

图 2.21　断面一跑道板竖向位移云图

(2)随着飞机动荷载的离开,跑道板等的竖向位移慢慢恢复。

各个时刻跑道板的最大竖向位移见表 2.3。

表 2.3　断面一各时刻跑道板的最大竖向位移

时刻/s	0.01	0.70	1.30	1.70	2.42	3.00
最大位移/mm	0	−3.06	−8.82	−8.92	−9.8	−8.11

2.3.3　隧道 10 导洞全部贯穿时(断面二)跑道动力响应分析

分析隧道结构变形时,考虑到规则隧道结构型式,选取节点提取计算结果进行分析,如图 2.22 所示。

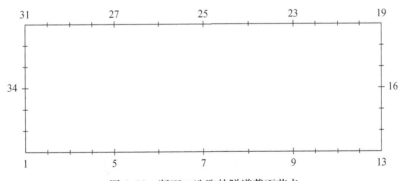

图 2.22　断面二选取的隧道截面节点

1. 四种荷载工况动力影响对比分析

提取四种荷载工况作用下隧道衬砌节点的最大位移,作出隧道断面的最大位移曲线,如图 2.23 所示。

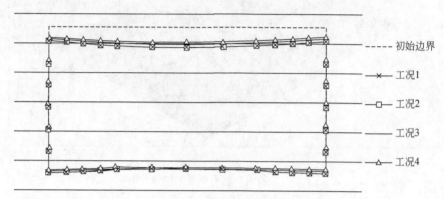

图 2.23　断面二隧道断面各节点最大位移

由图 2.23 可以看出:

(1)四种荷载工况下的隧道等效支护最大变形曲线形状相同,整体呈下沉趋势,最大竖向位移发生在洞顶 27 节点处,为 8.86mm。横向位移较小,均小于 0.2mm。

(2)工况 1、2 作用下隧道节点竖向位移差值十分小,其中工况 2 即飞机在一倍洞径处降落滑行通过隧道上方时,隧道的周边最大位移最大,飞机在隧道中心线上方降落时的等效支护周边最大位移最小。

(3)四种荷载工况下,工况 2 作用下节点 1 的最大竖向位移为 8.33mm,略大于节点 13 的 8.2mm;节点 31 的最大竖向位移为 9.47mm,略大于节点 19 的 9.43mm。这说明对称隧道结构中对应节点的最大竖向位移,临近飞机着陆点的部分略小于远离着陆点的部分。

2. 跑道动力响应分析

根据以上分析,飞机着陆位置不同的情况下,隧道变形曲线基本相同,而工况 2 作用下隧道变形最大,因此选取工况 2 的计算结果进行详细分析。

跑道板的竖向位移云图如图 2.24 所示。

比较图 2.24(a)～(f)可知:

(1)飞机着陆后,随着飞机向隧道区域移动,跑道板的变形增大。在跑道板中心线变形最大,在 1.7～2.42s 时达到最大值 14.15mm,即跑道板竖向位移最大的时刻也是发生在飞机离开隧道上方跑道板区域之后。

(2)随着飞机移动荷载的离开,跑道板的竖向位移慢慢恢复。

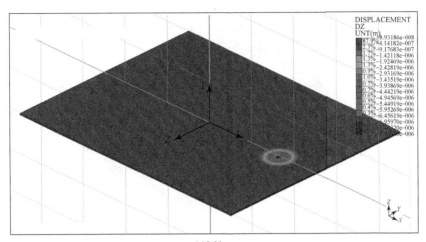

(a)0.01s

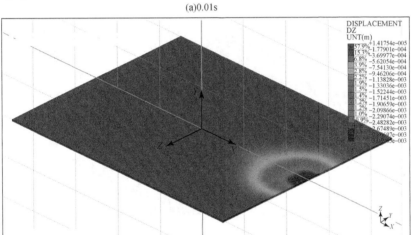

(b)0.7s

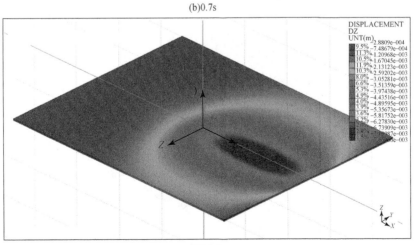

(c)1.3s

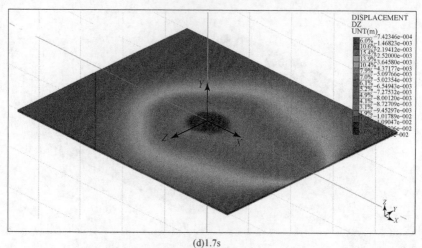

(d)1.7s

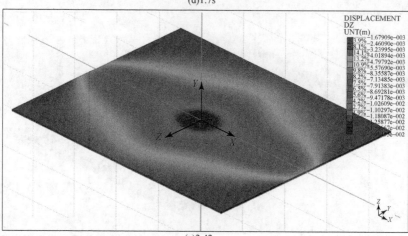

(e)2.42s

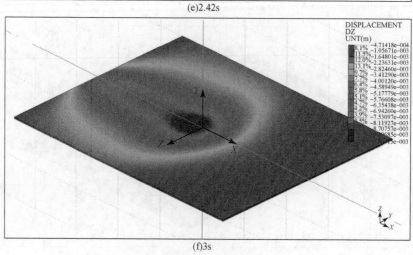

(f)3s

图 2.24　断面二跑道板竖向位移云图

各个时刻跑道板的最大竖向位移见表 2.4。

表 2.4　断面二各时刻跑道板的最大竖向位移

时刻/s	0.01	0.7	1.3	1.7	2.42	3
最大位移/mm	−0.02	−3.06	−7.66	−14.15	−14.11	−9.88

2.3.4　隧道全部贯穿并施作竖墙时(断面三)跑道动力响应分析

分析隧道结构变形时,考虑到规则隧道结构型式,选取节点提取计算结果进行分析,如图 2.25 所示。

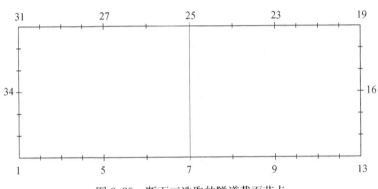

图 2.25　断面三选取的隧道截面节点

1. 四种荷载工况动力影响对比分析

提取四种荷载工况作用下隧道衬砌节点的最大位移,作出隧道断面的最大位移曲线,如图 2.26 所示。

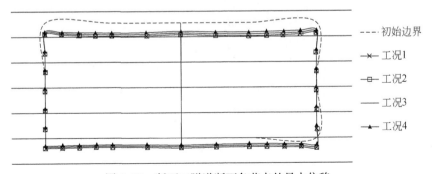

图 2.26　断面三隧道断面各节点的最大位移

由图 2.26 可以看出：

(1)四种荷载工况下的隧道最大位移曲线形状基本相同，整体呈下沉趋势。隧道竖向位移最大值发生在工况 2 情况下左洞洞顶处，最大位移为 9.16mm。隧道侧墙的横向位移均小于 0.5mm。

(2)工况 1、2 作用下隧道节点最大竖向位移差值十分小，其中工况 1，即飞机在一倍洞径处降落滑行通过隧道上方时，隧道的周边最大位移最大。

(3)隧道底部的最大竖向位移发生在工况 2 下的竖墙底部节点 7 处，为 7.57mm；隧道顶部的最大竖向位移发生在工况 2 下隧道左洞洞顶节点 27 处，为 9.16mm，略大于右洞洞顶节点 23 的 9.10mm。这说明隧道左洞比隧道右洞的竖向位移略大，即临近飞机着陆点的部分略小于远离着陆点的部分。

2. 跑道动力响应分析

根据以上分析，飞机着陆位置不同的情况下，隧道变形曲线基本相同，而工况 2 作用下隧道变形最大，因此选取工况 2 的计算结果进行详细分析。

跑道板的竖向位移云图如图 2.27 所示。

比较图 2.27(a)～(f)可知：

(1)飞机着陆后，随着飞机向隧道区域移动，跑道板的变形增大。在跑道板中心线变形最大，在 1.7～2.42s 时达到最大值 9.23mm，即跑道板竖向位移最大的时刻也是发生在飞机离开隧道上方跑道板区域之后。

(2)随着飞机移动荷载的离开，跑道板的竖向位移慢慢恢复。

各个时刻跑道板的最大竖向位移见表 2.5。

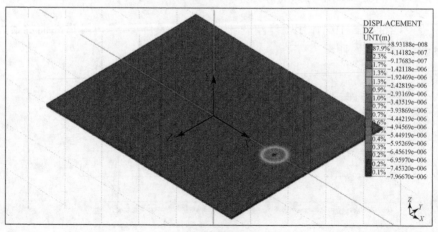

(a)0.01s

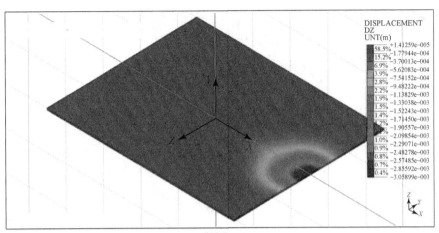

(b)0.7s

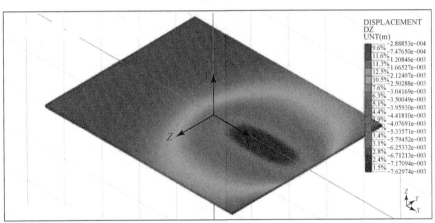

(c)1.3s

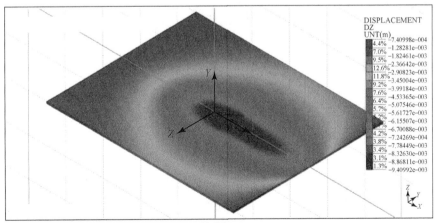

(d)1.7s

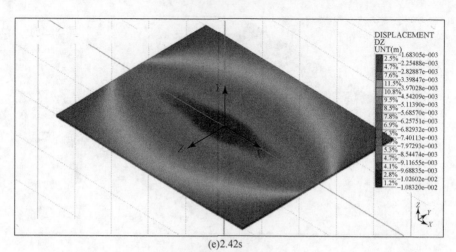

(e)2.42s

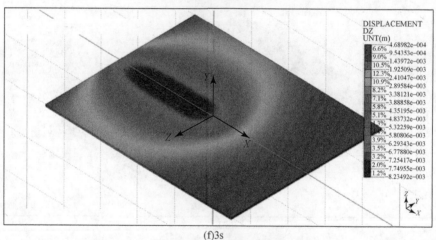

(f)3s

图 2.27　断面三跑道板竖向位移云图

表 2.5　断面三各时刻跑道板的最大竖向位移

时刻/s	0.01	0.7	1.3	1.7	2.42	3
最大位移/mm	−0.02	−1.51	−6.03	−7.81	−9.23	−6.63

2.3.5　隧道开挖留核心土 1 时(断面四)跑道动力响应分析

分析隧道结构变形时,考虑到规则隧道结构型式,选取节点提取计算结果进行分析,如图 2.28 所示。

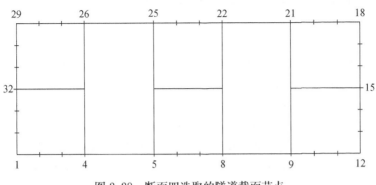

图 2.28　断面四选取的隧道截面节点

1. 四种荷载工况动力影响对比分析

提取四种荷载工况作用下隧道衬砌节点的最大位移,作出隧道断面的最大位移曲线,如图 2.29 所示。

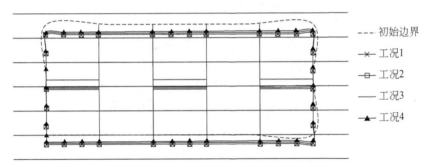

图 2.29　断面四隧道断面各节点的最大位移

由图 2.29 可以看出:

(1)四种荷载工况下的隧道最大位移曲线形状基本相同,整体呈下沉趋势。隧道竖向位移最大值发生在工况 2 情况下 27 节点处,最大位移为 8.27mm。

(2)在管棚、钢支撑和核心土的作用下,飞机动荷载作用下隧道开挖截面各个节点的竖向相对位移非常小。隧道侧墙的横向位移均较小,均小于 0.5mm。

(3)工况 1、2 的节点竖向位移相差十分小。飞机在隧道边缘以外一倍洞径处降落并滑行通过隧道上方时,等效支护的周边最大位移是最大的,飞机在隧道中心线上方降落时的等效支护周边最大位移较小。

(4)四种荷载工况下,工况 2 情况下节点 1 的最大竖向位移为 7.7mm,略大于节点 12 的位移 7.61mm;工况 2 情况下角点 29 的最大竖向位移为 8.26mm,略大于节点 18 的位移 8.14mm。这说明对称隧道结构中对应节点最大的竖向位移,临近飞机着陆点的部分略小于远离着陆点的部分。

2. 跑道动力响应分析

根据以上分析,飞机着陆位置不同的情况下,隧道变形曲线基本相同,而工况2作用下隧道变形最大,因此选取工况2的计算结果进行详细分析。

跑道板的竖向位移云图如图2.30所示。

比较图2.30(a)~(f)可知:

(1)飞机着陆后,随着飞机向隧道区域移动,跑道板的变形增大。在跑道板中心线变形最大,在1.7~2.42s时达到最大值10.83mm,即跑道板竖向位移最大的时刻也是发生在飞机离开隧道上方跑道板区域之后。

(2)随着飞机动荷载的离开,跑道板的竖向位移慢慢恢复。

各个时刻跑道板的最大竖向位移见表2.6。

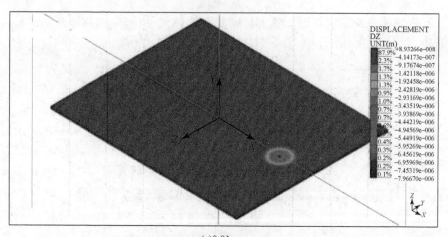

(a)0.01s

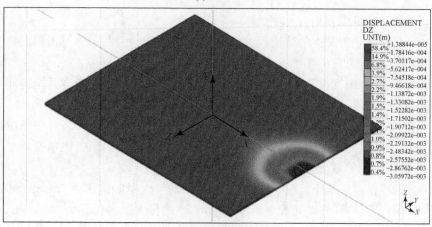

(b)0.7s

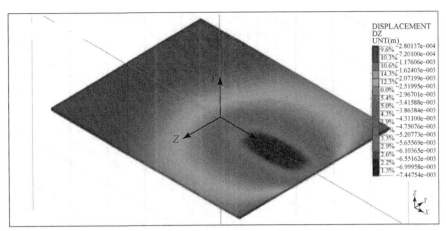

(c)1.3s

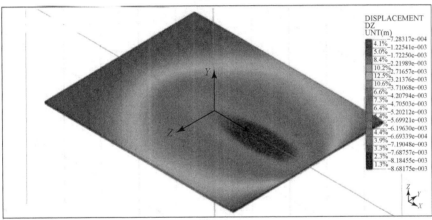

(d)1.7s

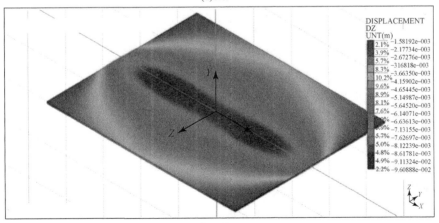

(e)2.42s

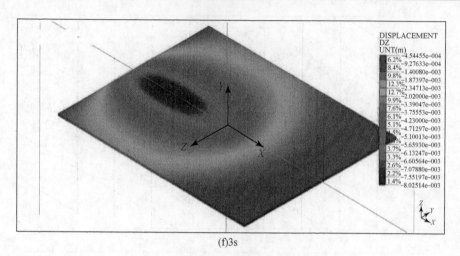

(f)3s

图 2.30　断面四跑道板竖向位移云图

表 2.6　断面四各时刻跑道板的最大竖向位移

时刻/s	0.01	0.7	1.3	1.7	2.42	3
最大位移/mm	−0.02	−3.06	−7.63	−9.41	−10.83	−8.23

2.3.6　隧道开挖留核心土 2 时(断面五)跑道动力响应分析

分析隧道结构变形时,考虑到规则隧道结构型式,选取节点提取计算结果进行分析,如图 2.31 所示。

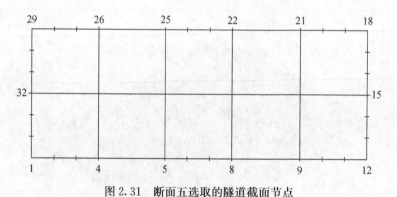

图 2.31　断面五选取的隧道截面节点

1. 四种荷载工况动力影响对比分析

提取四种荷载工况作用下隧道衬砌节点的最大位移,隧道断面的最大位移曲线如图 2.32 所示。

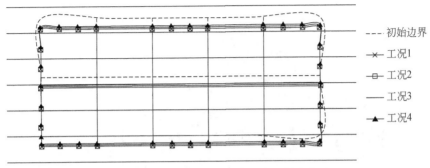

图 2.32　断面五隧道断面各节点的最大位移

由图 2.32 可以看出：

(1)四种荷载工况下的隧道最大位移曲线形状基本相同,整体呈下沉趋势。隧道竖向位移最大值发生在工况 2 情况下 27 节点处,最大位移为 8.34mm。

(2)在管棚、钢支撑和核心土的作用下,飞机动荷载作用下隧道开挖截面各个节点的竖向相对位移非常小。隧道侧墙的横向位移均较小,均小于 0.5mm。

(3)工况 1、2 的节点竖向位移相差十分小。飞机动荷载在距隧道边缘一倍洞径处降落并滑行通过隧道上方时,等效支护的周边最大位移是最大的,飞机在隧道中心线上方降落时的等效支护周边最大位移较小。

(4)四种荷载工况下,工况 2 情况下节点 1 的最大竖向位移为 7.73mm,略大于节点 12 的位移 7.63mm;工况 2 情况下角点 29 的最大竖向位移为 8.24mm,略大于节点 18 的位移 8.15mm。这说明对称隧道结构中对应节点最大的竖向位移,临近飞机着陆点的部分略小于远离着陆点的部分。

2. 跑道动力响应分析

根据以上分析,飞机着陆位置不同的情况下,隧道变形曲线基本相同,工况 2 作用下隧道变形最大,因此选取工况 2 的计算结果进行详细分析。

跑道板的竖向位移云图如图 2.33 所示。

比较图 2.33(a)~(f)可知：

(1)飞机着陆后,随着飞机向隧道区域移动,跑道板的变形增大。在跑道板中心线变形最大,在 1.7~2.42s 时达到最大值 9.62mm,即跑道板竖向位移最大的时刻也是发生在飞机离开隧道上方跑道板区域之后。

(2)随着飞机动荷载的离开,跑道板的竖向位移慢慢恢复。

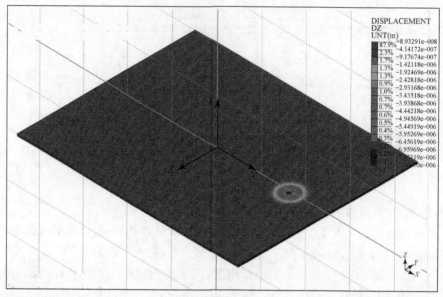

(a)0.01s

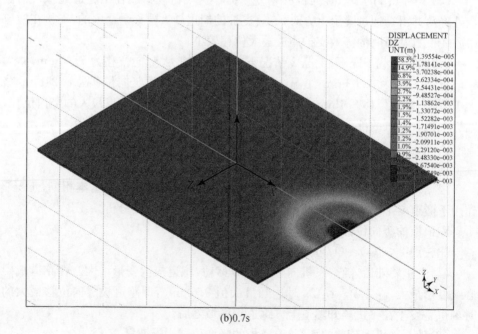

(b)0.7s

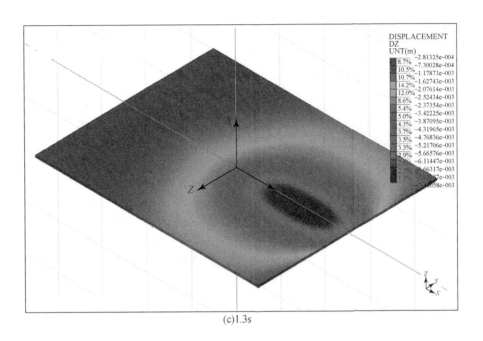

(c)1.3s

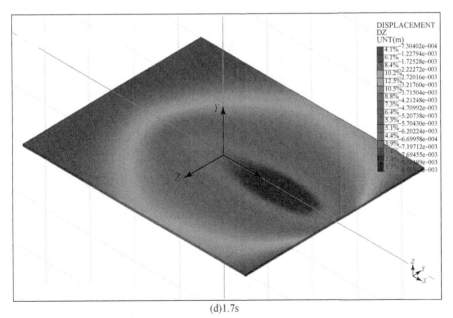

(d)1.7s

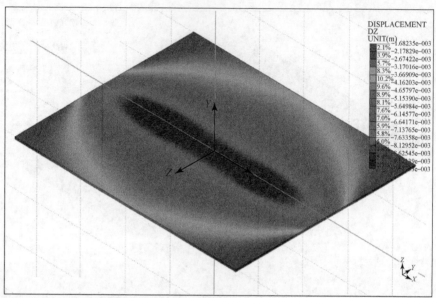

(e)2.42s

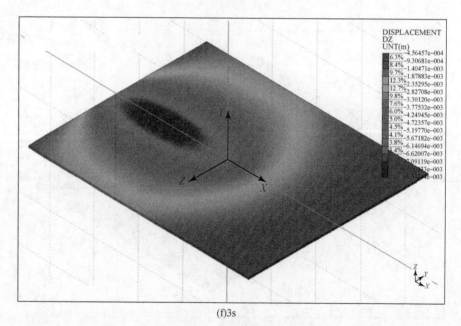

(f)3s

图 2.33　断面五跑道板竖向位移云图

各个时刻跑道板的最大竖向位移见表 2.7。

表 2.7　断面五各时刻跑道板的最大竖向位移

时刻/s	0.01	0.7	1.3	1.7	2.42	3
最大位移/mm	−0.02	−3.06	−7.46	−8.69	−9.62	−8.04

本节分析了飞机动荷载作用下跑道的动力响应,考虑了 5 个断面,四种荷载作用方式,共计 20 种工况,得出了各种工况下跑道的竖向位移随时间的变化规律。

2.4　飞机动荷载作用下隧道动力响应

2.4.1　计算工况选择

与 2.3 节分析相同,本节分析依然选择 5 个最不利断面型式、四种荷载工况,共计 20 种工况进行分析。断面型式及荷载工况详细说明见 2.3.1 节。

2.4.2　隧道上部 5 导洞开挖时(断面一)隧道动力响应分析

将模型中的钢支撑等效成 350mm 的钢筋混凝土支护结构,对其进行分析,选取以下 26 个节点如图 2.19 所示。

根据 2.3.2 节的分析,飞机着陆位置不同的情况下,隧道变形曲线基本相同,而工况 2 作用下隧道等效支护变形最大,因此选取工况 2 的计算结果进行详细的分析。

1. 隧道等效支护截面节点竖向位移

取工况 2 结果中等效支护截面各个节点的竖向位移曲线如图 2.34 所示。需要说明的是,本书部分线条图中曲线重合度较高,针对这部分线条图,本书只对总体趋势进行分析,不具体区分每条曲线。同时刻度线的选取也采用某些特定数值,这是为了更直观地体现部分工程数据。

由图 2.34 可以看出:

(1)工况 2 作用下,等效支护各个节点的竖向位移曲线趋势基本相同,都是随着飞机荷载向隧道方向移动变大,随着移动荷载的离开又减小。

(2)由于钢支撑和管棚的强度及刚度都比较大,飞机荷载作用下其各个节点的竖向相对位移非常小。各个节点的最大竖向位移均为 9mm 左右。

(3)各个节点在 2.1s 左右时等效支护的竖向位移达到最大,此时飞机已经滑行通过隧道上方。由此可见,并不是飞机到达隧道上方时等效支护的竖向位移最大,而是在飞机滑过隧道上方时等效支护各个节点的竖向位移达到最大。

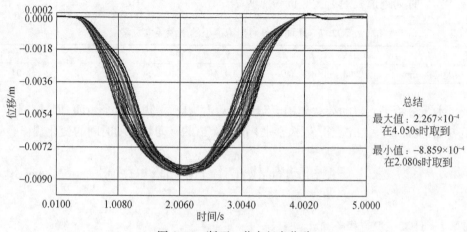

总结
最大值：2.267×10^{-4}
在4.050s时取到

最小值：-8.859×10^{-4}
在2.080s时取到

图 2.34　断面一节点竖向位移

2. 隧道等效支护截面节点横向位移

工况 2 用下等效支护各个节点的横向位移较小，除节点 6、13、19、25 以外其他节点的最大位移都小于 0.1mm。隧道节点 6、13、19、25 的横向位移曲线如图 2.35 所示。

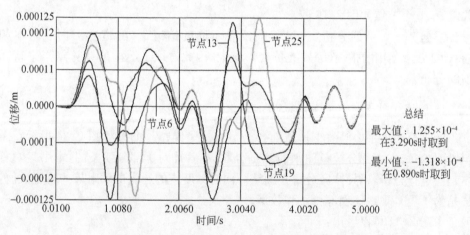

总结
最大值：1.255×10^{-4}
在3.290s时取到

最小值：-1.318×10^{-4}
在0.890s时取到

图 2.35　断面一隧道 6、13、19、25 节点的横向位移

由图 2.35 可以看出：

(1)荷载通过隧道上方时，各个节点的横向位移前后变化趋势基本一致。

(2)隧道等效支护截面的横向位移在节点 13 在横坐标为 0.890s 时发生最大横向位移，最大位移约为 0.125mm，即隧道截面的最大横向位移发生在飞机滑过隧道区域后。

（3）工况 2 作用下，等效支护截面横向最大位移都小于 0.13mm，相对于竖向最大位移集中在 8mm 左右而言，各个节点的横向位移很小，均不到 0.6mm。因此，施工中需要关注的是隧道的竖向位移。

3. 模型竖向位移云图

飞机在隧道边缘以外降落时，飞机滑行距离取 100m，滑行时速 55.6m/s，A380 客机的前后轮距 33.5m，分析时间步长取为 0.005s。选取竖向位移云图时刻及飞机位置如表 2.8 所示。

表 2.8　断面一选取时刻及飞机位置

时刻/s	飞机位置	备注
0.01	前轮距隧道边缘一倍洞径	飞机在距隧道边缘一倍洞径处降落并滑行通过隧道上方
0.7	前轮位于隧道边缘	
1.3	飞机后轮全部在隧道上方	
1.7	飞机后轮离开隧道边缘	
2.42	离开模型	
3	离开模型	

整体模型的竖向位移如图 2.36 所示。

比较图 2.36(a)～(f)可以看出：

（1）飞机着陆后，随着飞机向隧道区域移动，模型的竖向位移增大，最大值发生在 1.7～2.42s 模型中心线上，为 9.8mm，即位移最大时刻是在飞机离开隧道上方跑道板区域之后。

（2）随着飞机动荷载的离开，模型的竖向位移逐渐变小。

各个时刻模型最大竖向位移见表 2.3。

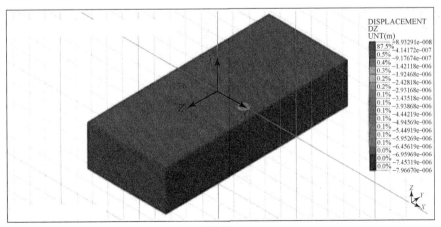

(a)0.01s

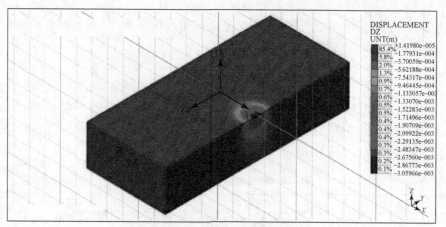

(b)0.7s

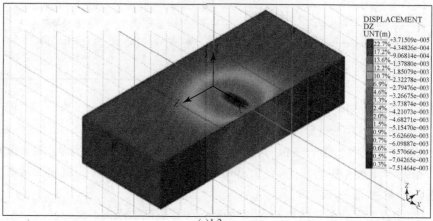

(c)1.3s

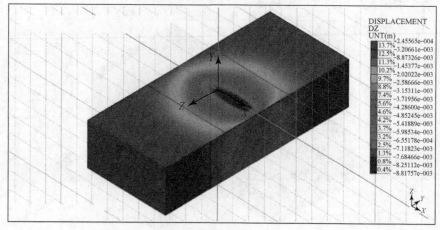

(d)1.7s

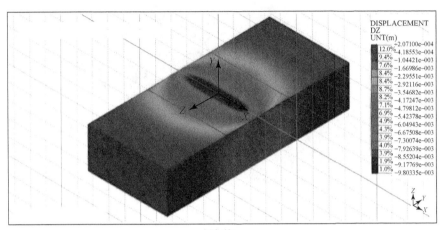

(e)2.42s

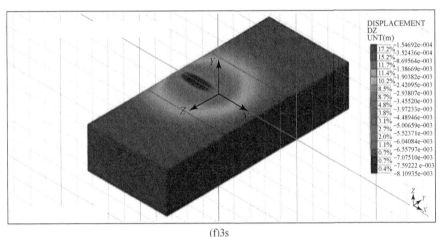

(f)3s

图 2.36　断面一模型整体竖向位移云图

4. 等效支护结构的竖向位移云图

等效支护的竖向位移云图如图 2.37 所示。

比较图 2.37(a)~(f)可以看出:

(1)飞机着陆后,随着飞机向隧道区域移动,等效支护的竖向变形增大。最大变形主要集中在等效支护顶部,为 8.84mm,发生在 1.7~2.42s,即等效支护竖向位移最大的时刻是在飞机离开隧道上方跑道板区域之后。

(2)随着飞机动荷载的离开,等效支护的竖向位移慢慢恢复,施工中应加强控制跑道板下支护顶部的变形。

各个时刻等效支护最大竖向位移见表 2.9。

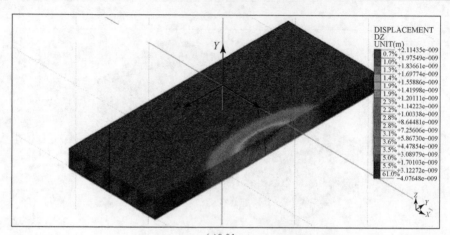

(a)0.01s

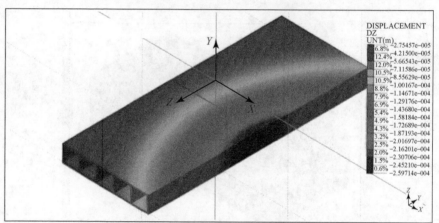

(b)0.7s

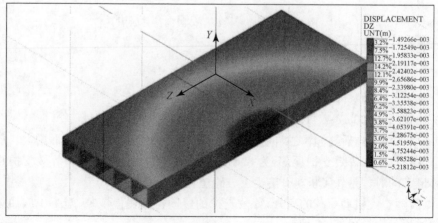

(c)1.3s

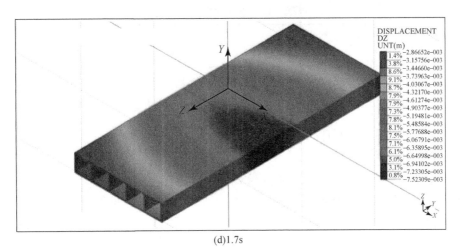

(d)1.7s

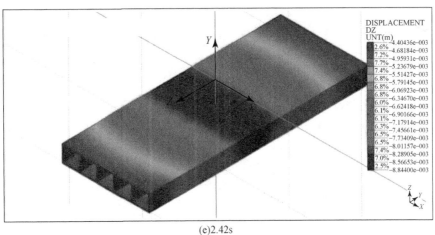

(e)2.42s

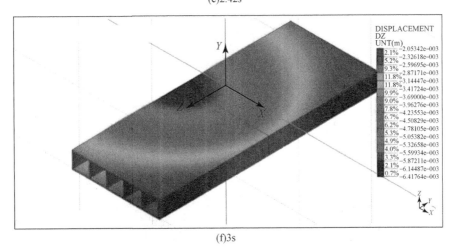

(f)3s

图 2.37　断面一等效支护竖向位移云图

表 2.9　断面一各时刻等效支护的最大竖向位移

时刻/s	0.01	0.7	1.3	1.7	2.42	3
最大位移/mm	0	−0.26	−5.22	−7.52	−8.84	−6.42

2.4.3　隧道 10 导洞全部贯穿时(断面二)隧道动力响应分析

分析隧道结构变形时,考虑到规则隧道结构型式,选取节点提取计算结果进行分析,如图 2.22 所示。

根据 2.3.3 节的分析,飞机着陆位置不同的情况下,隧道变形曲线基本相同,而工况 2 作用下隧道等效支护变形最大,因此选取工况 2 的计算结果进行详细分析。

1. 隧道截面节点竖向位移

取工况 2 结果中隧道截面各个节点的竖向位移曲线如图 2.38 所示。

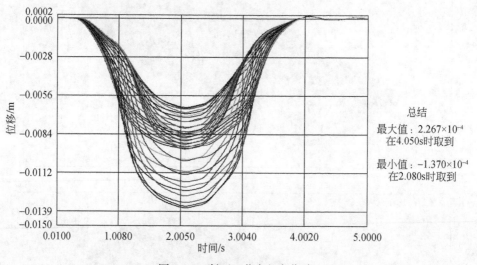

总结

最大值: 2.267×10⁻⁴
在4.050s时取到

最小值: −1.370×10⁻⁴
在2.080s时取到

图 2.38　断面二节点竖向位移

由图 2.38 可以看出:

(1)飞机在隧道边缘以外降落并滑行通过隧道上方时,各个节点的竖向位移曲线趋势基本相同,都是随着飞机荷载向隧道方向移动变大,随着飞机荷载的离开又减小。

(2)隧道顶部节点 25 的竖向位移最大,为 13.7mm;隧道底部节点 7 的竖向位移最小,为 5.44mm,隧道侧面 16、34 节点的竖向位移也比较大。

（3）各个节点在 2.08s 左右时隧道的竖向位移达到最大，此时飞机已经滑行通过隧道上方。由此可见，并不是飞机到达隧道上方时隧道的变形最大，而是在飞机滑过隧道上方后隧道的节点竖向位移达到最大。

2. 隧道截面节点横向位移

工况 2 作用下隧道各个节点的横向位移较小，除节点 7、16、25、34 以外其他节点的最大位移都小于 0.1mm。隧道节点 7、16、25、34 的横向位移曲线如图 2.39 所示。

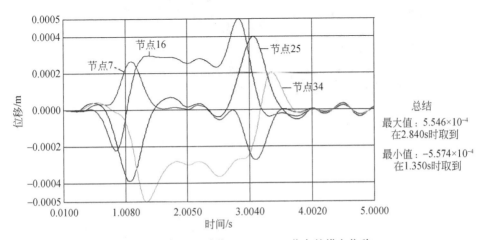

图 2.39　断面二隧道 7、16、25、34 节点的横向位移

由图 2.39 可以看出：

（1）飞机通过隧道上方时，各个节点的横向位移前后有两次较大的位移变化，节点 7 先是在飞机位于隧道上方时发生一次正向较大横向位移，在飞机滑过隧道后发生一次负向较大横向位移，曲线趋势与节点 16、25、34 正好相反。

（2）隧道截面的横向位移在节点 16 和节点 34 处发生最大的横向位移。节点 34 在 1.05s 时发生最大横向位移，最大位移 0.56mm，此时飞机位于隧道的正上方；节点 16 在 2.84s 时发生最大横向位移，最大位移 0.55mm，此时飞机已经离开隧道上方。可见，隧道截面的横向位移最大发生在飞机位于隧道上方时。

3. 模型竖向位移云图

飞机在隧道边缘以外降落时，飞机滑行距离取 100m，滑行时速 55.6m/s，A380 客机的前后轮距 33.5m，分析时间步长取为 0.005s。竖向位移如图 2.40 所示。

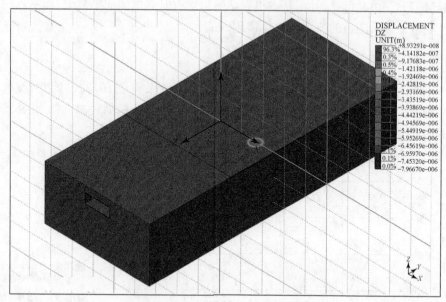

(a)0.01s

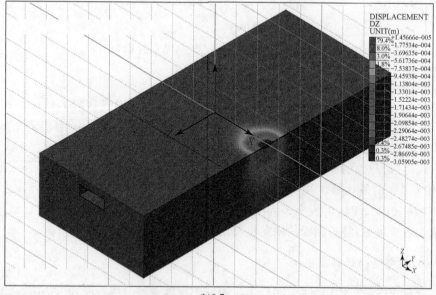

(b)0.7s

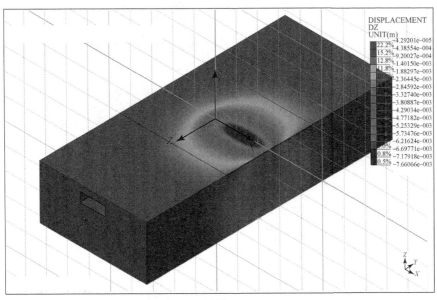

(c)1.3s

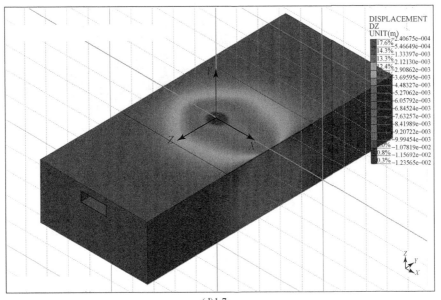

(d)1.7s

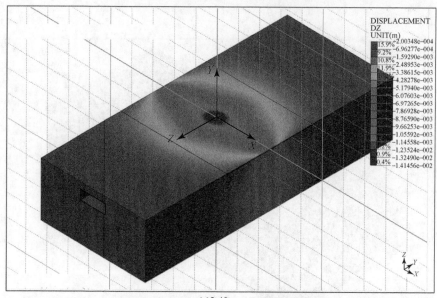

(e)2.42s

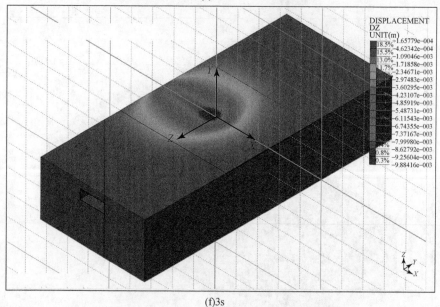

(f)3s

图 2.40　断面二模型整体竖向位移云图

比较图 2.40(a)～(f)可以看出：

(1)飞机着陆后,随着飞机向隧道区域移动,模型的竖向位移增大,最大发生在 1.7～2.42s 模型中心线上。因此,位移最大时刻是在飞机离开隧道上方跑道板区域之后。

（2）随着飞机移动荷载的离开，模型的竖向位移逐渐变小。

各个时刻模型最大竖向位移见表 2.4。

4．隧道衬砌竖向位移云图

衬砌的竖向位移云图如图 2.41 所示。

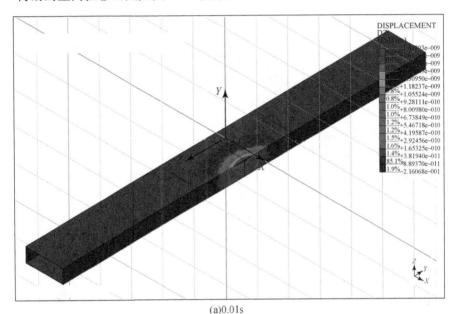

(a)0.01s

(b)0.7s

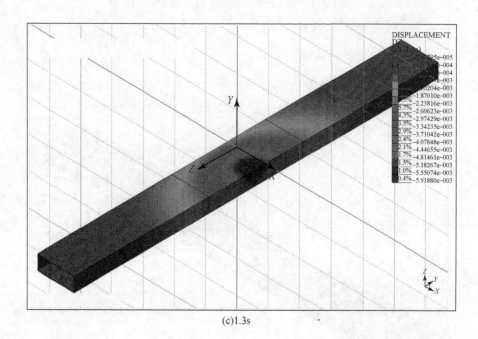

(c)1.3s

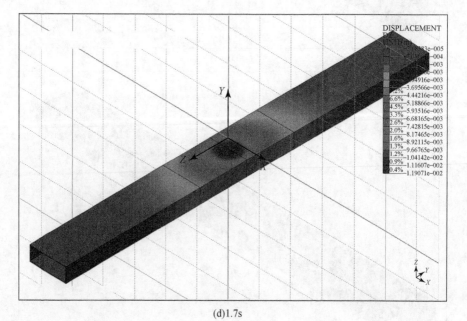

(d)1.7s

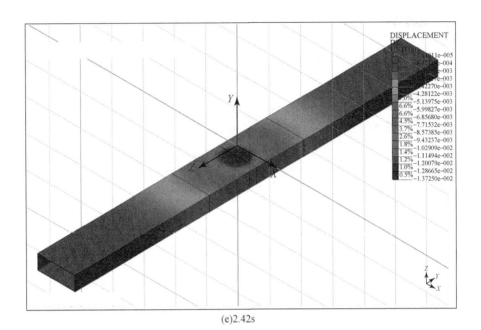

(e)2.42s

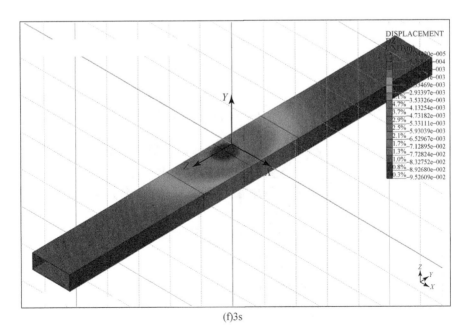

(f)3s

图 2.41　断面二衬砌竖向位移云图

比较图 2.41(a)～(f)可以看出：

（1）飞机着陆后，随着飞机向隧道区域移动，支护的变形增大。最大变形主要集中在支护顶部，为 13.73mm，发生在 1.7～2.42s，即衬砌竖向位移最大的时刻也是发生在飞机离开隧道上方跑道板区域之后。

（2）随着飞机移动荷载的离开，支护竖向位移慢慢恢复，施工中应加强控制跑道板下支护顶部的变形。

各个时刻衬砌的最大竖向位移见表 2.10。

表 2.10　　断面二各时刻衬砌最大竖向位移

时刻/s	0.01	0.7	1.3	1.7	2.42	3
最大位移/mm	−0	−0.27	−5.92	−11.91	−13.73	−9.53

5. 应力等值线

整个时程里最大的主应力如图 2.42 所示。由图可知，整个时程过程中隧道的最大主应力为 2.63kN/m²，在支护的两侧顶部位置处，支护顶部中心处的最大主应力也比较大。但是考虑到混凝土支护的受压性能远比受拉性能好，应更加注意支护顶板的受力及变形。

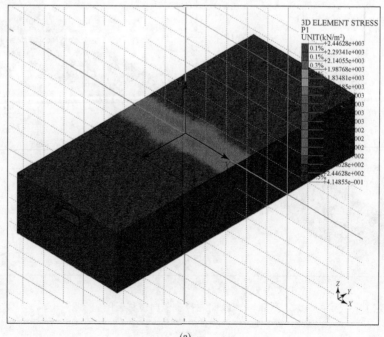

(a)

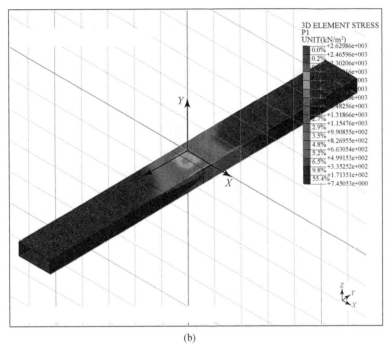

(b)

图 2.42　断面二整个时程的最大主应力

2.4.4　隧道全部贯穿并施作竖墙时(断面三)隧道动力响应分析

分析隧道结构变形时,考虑到规则隧道结构型式,选取节点提取计算结果进行分析,如图 2.25 所示。

根据 2.3.4 节的分析,飞机着陆位置不同的情况下,隧道变形曲线基本相同,而工况 2 作用下隧道等效支护变形最大,因此选取工况 2 的计算结果进行详细分析。

1. 隧道截面节点竖向位移

取工况 2 结果中隧道截面各个节点的竖向位移曲线如图 2.43 所示。

由图 2.43 可以看出:

(1)飞机在隧道边缘以外降落并滑行通过隧道上方时,各个节点的竖向位移曲线趋势基本相同,都是随着飞机荷载向隧道方向移动变大,随着飞机荷载的离开又减小。

(2)隧道左洞顶部节点 27 的竖向位移最大,为 9.16mm;隧道底部节点 9 的竖向位移最小,为 7.12mm,隧道右洞洞顶节点 23 的竖向位移也比较大,为 9.10mm。

(3)各个节点在 2.34s 左右时隧道的竖向位移达到最大,此时飞机已经滑行通过隧道上方。由此可见,并不是飞机到达隧道上方时隧道的变形最大,而是在飞机滑过隧道上方后隧道的节点竖向位移达到最大。

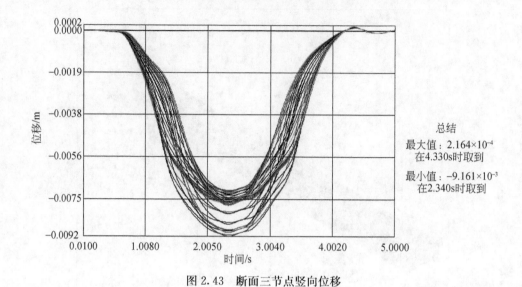

图 2.43　断面三节点竖向位移

2. 隧道截面节点横向位移

工况 2 作用下隧道各个节点的横向位移较小,除节点 7、16、25、34 以外其他节点的最大位移都小于 0.5mm。隧道节点 7、16、25、34 的横向位移曲线如图 2.44 所示。

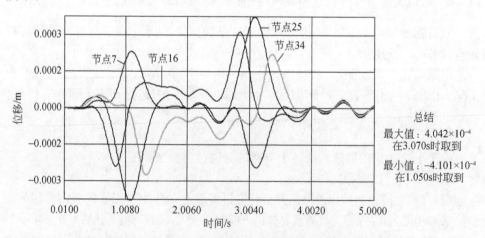

图 2.44　断面三隧道节点 7、16、25、34 的横向位移

由图 2.44 可以看出:

(1)飞机通过隧道上方时,各个节点的横向位移前后有两次较大的位移变化,节点 7 先是在飞机位于隧道上方时发生一次正向较大横向位移,在飞机滑过隧道

后发生一次负向较大横向位移,曲线趋势与节点 16、25、34 正好相反。

(2)隧道截面的横向位移在节点 25 处发生最大的横向位移。节点 25 在 1.09s 时发生最大横向位移,最大位移 0.41mm,此时飞机位于隧道的正上方;在 3.07s 时发生最大横向位移,最大位移 0.40mm,此时飞机已经滑过隧道上方。可见,隧道截面的横向位移最大发生在飞机位于隧道上方时。

3. 模型竖向位移云图

飞机在隧道边缘以外降落时,飞机滑行距离取 100m,滑行时速 55.6m/s,A380 客机的前后轮距 33.5m,分析时间步长取为 0.005s。整体模型的竖向位移如图 2.45 所示。

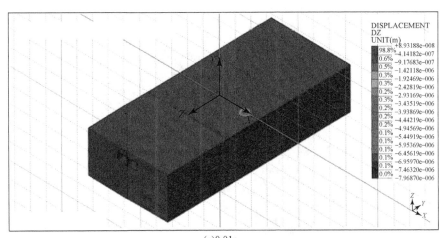

(a)0.01s

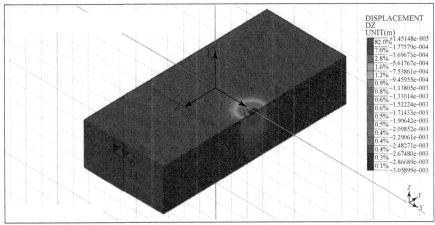

(b)0.7s

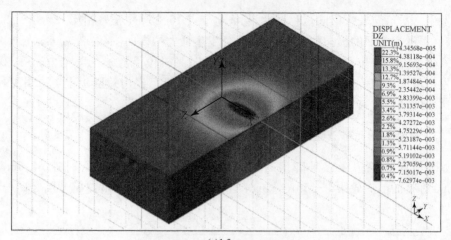

(c)1.3s

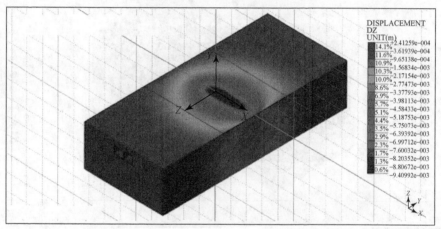

(d)1.7s

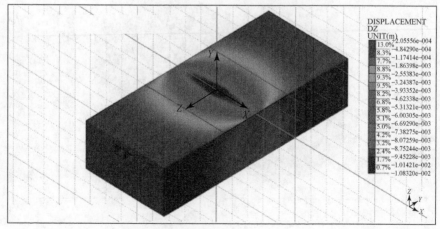

(e)2.42s

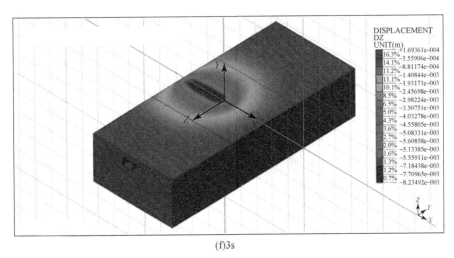

(f)3s

图 2.45　断面三模型整体竖向位移云图

比较图 2.45(a)～(f)可以看出:

(1)飞机着陆后,随着飞机向隧道区域移动,模型的竖向位移增大,最大发生在 1.7～2.42s 模型中心线上。因此,位移最大时刻是在飞机离开隧道上方跑道板区域之后。

(2)随着飞机移动荷载的离开,模型的竖向位移逐渐变小。

各个时刻模型最大竖向位移见表 2.11。

表 2.11　断面三各时刻模型的最大竖向位移

时刻/s	0.01	0.7	1.3	1.7	2.42	3
最大位移/mm	−0.02	−1.43	−6.00	−7.78	−9.20	−6.60

4. 隧道衬砌竖向位移云图

衬砌的竖向位移云图如图 2.46 所示。

比较图 2.46(a)～(f)可以看出:

(1)飞机着陆后,随着飞机向隧道区域移动,支护的变形增大。最大变形主要集中在隧道顶部,为 9.18mm,发生在 1.7～2.42s,即衬砌竖向位移最大的时刻也是发生在飞机离开隧道上方跑道板区域之后。

(2)随着飞机移动荷载的离开,支护竖向位移慢慢恢复,施工中应加强控制跑道板下支护顶部的变形。

各个时刻衬砌的最大竖向位移见表 2.12。

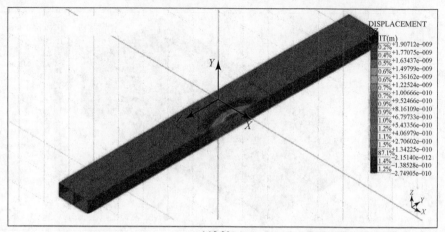

(a)0.01s

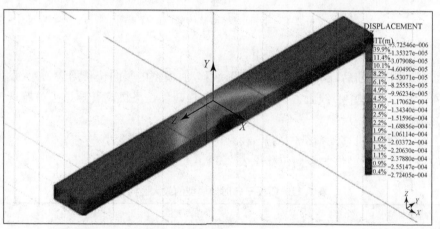

(b)0.7s

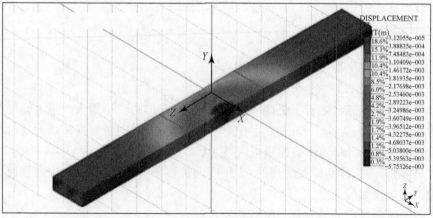

(c)1.3s

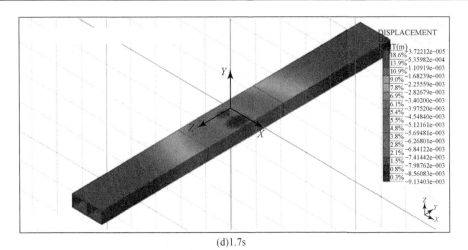

(d)1.7s

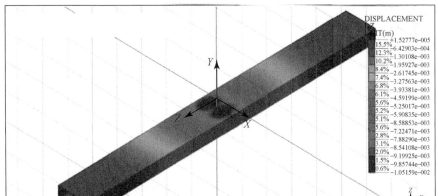

(e)2.42s

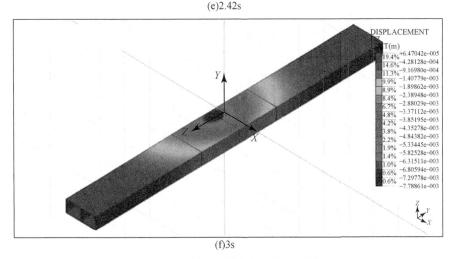

(f)3s

图 2.46 断面三衬砌竖向位移云图

表 2.12　断面三各时刻衬砌最大竖向位移

时刻/s	0.01	0.7	1.3	1.7	2.42	3
最大位移/mm	0	−0.16	−4.48	−7.86	−9.18	−6.45

5. 应力等值线

整个时程里最大的主应力如图 2.47 所示。由图可知,整个时程过程中隧道的最大主应力为 $1.76 \times 10^3 \, \text{kN/m}^2$,在支护的两侧顶部位置,支护顶部中心处的最大主应力也比较大。但是,考虑到混凝土支护的受压性能远比受拉性能好,应更加注意支护顶板的受力及变形。

2.4.5　隧道开挖留核心土 1 时(断面四)隧道动力响应分析

分析隧道结构变形时,考虑到规则隧道结构型式,选取节点提取计算结果进行分析,如图 2.28 所示。

根据 2.3.5 节的分析,飞机着陆位置不同的情况下,隧道变形曲线基本相同,而工况 2 作用下隧道等效支护变形最大,因此选取工况 2 的计算结果进行详细分析。

1. 隧道截面节点竖向位移

取工况 2 结果中隧道截面各个节点的竖向位移曲线如图 2.48 所示。

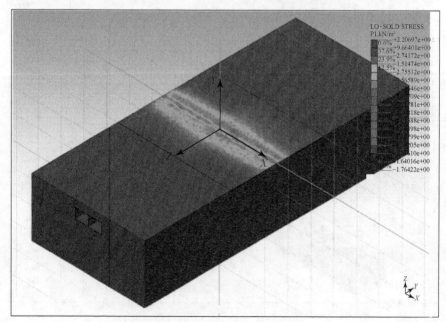

(a)

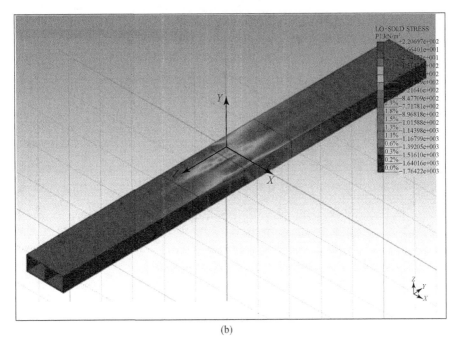

(b)

图 2.47　断面四整个时程的最大主应力

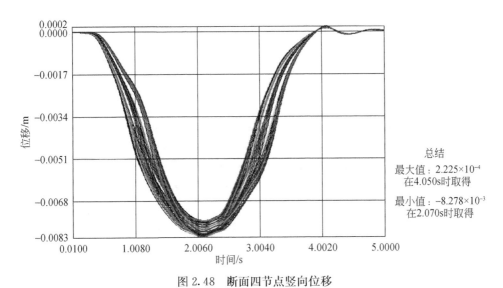

图 2.48　断面四节点竖向位移

由图 2.48 可以看出：

(1)工况 2 作用下,隧道截面各个节点的竖向位移曲线趋势基本相同,都是随着飞机荷载向隧道方向移动变大,随着飞机荷载的离开又减小。

（2）由于管棚、钢支撑和核心土的作用，飞机荷载作用下隧道截面各个节点的竖向相对位移非常小。各个节点的最大竖向位移均为 8mm 左右。

（3）各个节点在 2.07s 左右时等效支护的竖向位移达到最大，此时飞机已经滑行通过隧道上方。由此可见，并不是飞机到达隧道上方时隧道截面的竖向位移最大，而是在飞机滑过隧道上方时隧道截面各个节点的竖向位移达到最大。

2. 隧道截面节点横向位移

工况 2 作用下隧道各个节点的横向位移较小，除节点 6、15、24、32 以外其他节点的最大位移都小于 0.5mm。隧道节点 6、15、24、32 的横向位移曲线如图 2.49 所示。

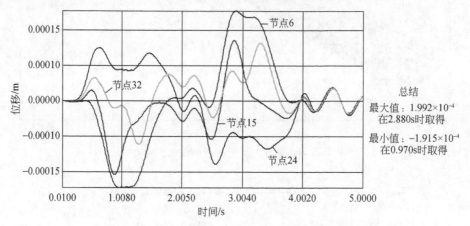

图 2.49　断面四隧道节点 6、15、24、32 的横向位移

由图 2.49 可以看出：

（1）飞机通过隧道上方时，各个节点的横向位移前后有两次较大的位移变化，24 节点先是在飞机位于隧道上方时发生一次正向较大横向位移，在飞机滑过隧道后发生一次负向较大横向位移，曲线趋势与节点 6、15、32 正好相反。

（2）隧道截面在节点 6 处发生最大的横向位移。在 0.97s 时发生最大横向位移，最大位移 0.19mm，此时飞机位于隧道的正上方；在 2.9s 时发生最大横向位移，最大位移 0.20mm，此时飞机已经滑过隧道上方。可见，隧道截面的横向位移最大发生在 2.9s 时。

3. 模型竖向位移云图

飞机在隧道边缘以外降落时，飞机滑行距离取 100m，滑行速度 55.6m/s，A380 客机的前后轮距 33.5m，分析时间步长取为 0.005s。整体模型的竖向位移如图 2.50 所示。

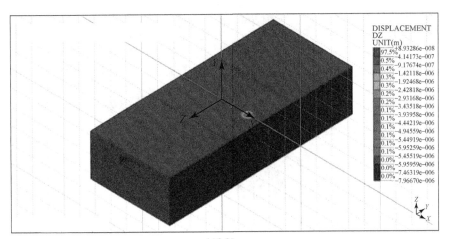

(a)0.01s

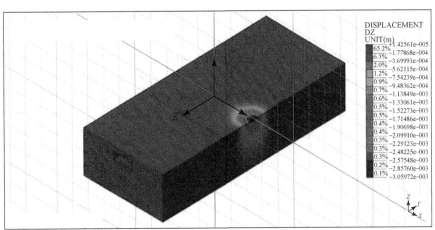

(b)0.7s

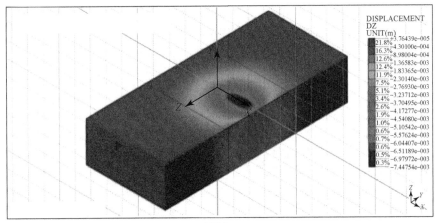

(c)1.3s

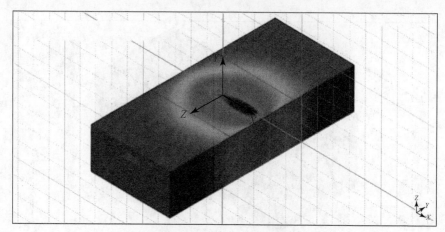

(d)1.7s

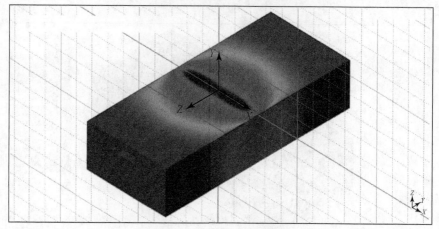

(e)2.42s

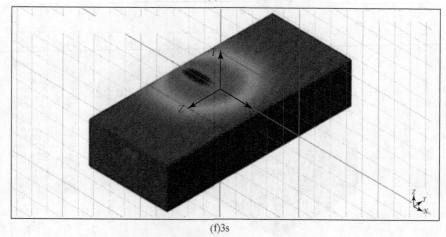

(f)3s

图 2.50　断面四模型整体竖向位移云图

由图 2.50 可以看出：

（1）飞机着陆后，随着飞机向隧道区域移动，模型的竖向位移增大，最大发生在 1.7～2.42s 模型中心线上。因此，位移最大时刻是在飞机离开隧道上方跑道板区域之后。

（2）随着飞机移动荷载的离开，模型的竖向位移逐渐变小。

各个时刻模型最大竖向位移见表 2.6。

4. 隧道衬砌竖向位移云图

衬砌的竖向位移云图如图 2.51 所示。

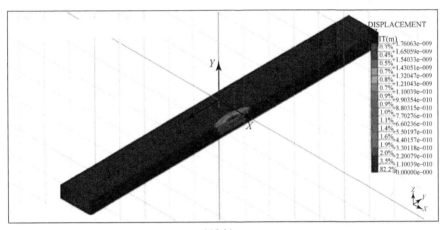

(a)0.01s

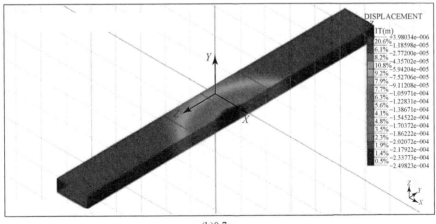

(b)0.7s

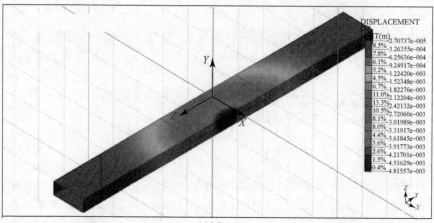

(c)1.3s

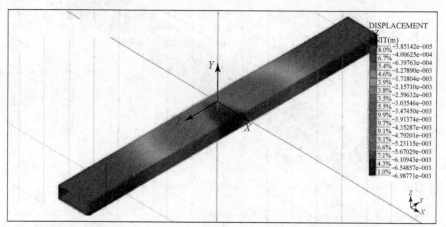

(d)1.7s

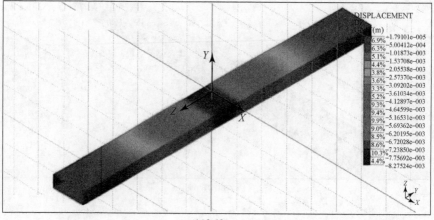

(e)2.42s

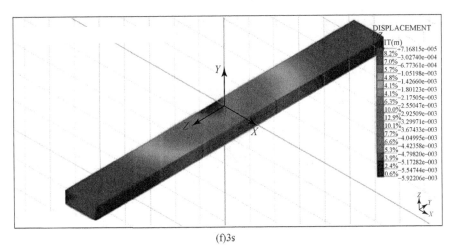

(f)3s

图 2.51 断面四衬砌竖向位移云图

比较图 2.51(a)～(f)可以看出:

(1)飞机着陆后,随着飞机向隧道区域移动,衬砌的变形随之增大。最大变形主要集中在隧道顶部,为 8.28mm,发生在 1.7～2.42s。即衬砌竖向位移最大的时刻也是发生在飞机离开隧道上方跑道板区域之后。

(2)随着飞机移动荷载的离开,支护竖向位移慢慢恢复,施工中应加强控制跑道板下支护顶部的变形。

各个时刻衬砌的最大竖向位移见表 2.13。

表 2.13 断面四各时刻衬砌的最大竖向位移

时刻/s	0.01	0.4	1.3	1.7	2.42	3
最大位移/mm	0	−0.25	−4.82	−6.99	−8.28	−5.92

2.4.6 隧道开挖留核心土 2 时(断面五)隧道动力响应分析

分析隧道结构变形时,考虑到规则隧道结构型式,选取节点提取计算结果进行分析,如图 2.31 所示。

根据 2.3.6 节的分析,飞机着陆位置不同的情况下,隧道变形曲线基本相同,而工况 2 作用下隧道等效支护变形最大,因此选取工况 2 的计算结果进行详细分析。

1. 隧道截面节点竖向位移

取工况 2 结果中隧道截面各个节点的竖向位移曲线如图 2.52 所示。

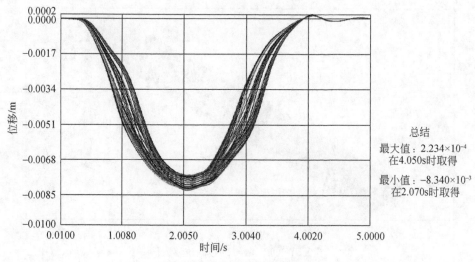

图 2.52　断面五节点竖向位移

由图 2.52 可以看出：

(1)工况 2 作用下，隧道截面各个节点的竖向位移曲线趋势基本相同，都是随着飞机荷载向隧道方向移动变大，随着飞机荷载的离开又减小。

(2)由于管棚、钢支撑和核心土的作用，飞机荷载作用下隧道截面各个节点的竖向相对位移非常小。各个节点的最大竖向位移均在 8mm 左右。

(3)各个节点在 2.07s 左右时等效支护的竖向位移达到最大，此时飞机已经滑行通过隧道上方。由此可见，并不是飞机到达隧道上方时隧道截面的竖向位移最大，而是在飞机滑过隧道上方时隧道截面各个节点的竖向位移达到最大。

2. 隧道截面节点横向位移

工况 2 作用下隧道各个节点的横向位移较小，除节点 6、15、24、32 以外其他节点的最大位移都小于 0.5mm。隧道节点 6、15、24、32 的横向位移曲线如图 2.53 所示。

由图 2.53 可以看出：

(1)飞机通过隧道上方时，各个节点的横向位移前后有两次较大的位移变化，节点 24 先是在飞机位于隧道上方时发生一次正向较大横向位移，在飞机滑过隧道后发生一次负向较大横向位移，曲线趋势与节点 6、15、32 正好相反。

(2)隧道截面在节点 6 处发生最大横向位移。在 0.9s 时发生最大横向位移，最大位移 0.16mm，此时飞机位于隧道的正上方；在 2.85s 时发生最大横向位移，最大位移 0.17mm，此时飞机已经滑过隧道上方。可见，隧道截面的横向位移最大发生在 2.85s 时。

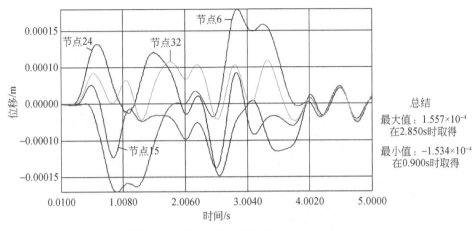

图 2.53　隧道节点 6、15、24、32 的横向位移

3. 模型竖向位移云图

飞机在隧道边缘以外降落时,飞机滑行距离取 100m,滑行时速 55.6m/s,A380 客机的前后轮距 33.5m,分析时间步长取为 0.005s。整体模型的竖向位移如图 2.54 所示。

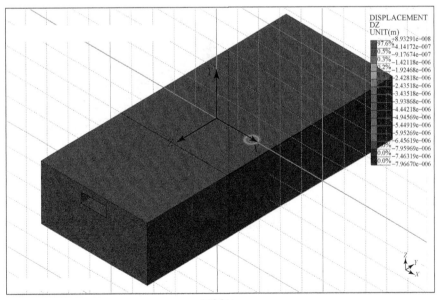

(a)0.01s

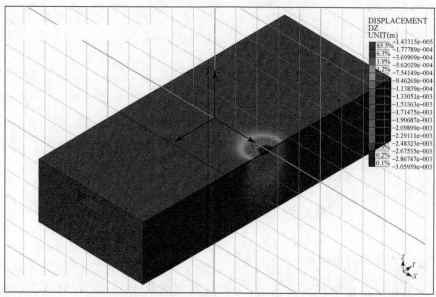

(b)0.7s

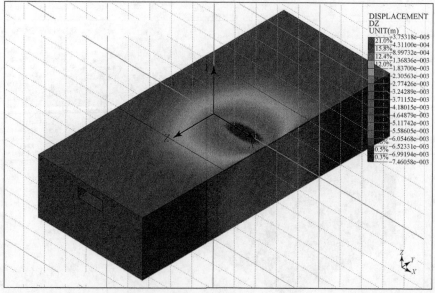

(c)1.3s

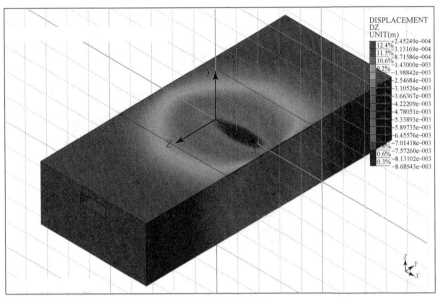

(d)1.7s

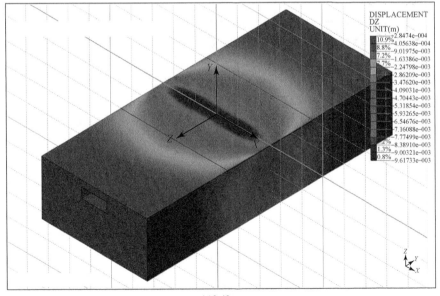

(e)2.42s

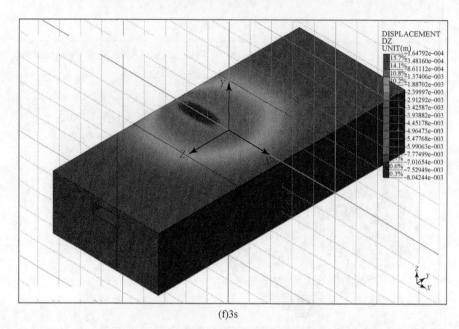

(f)3s

图 2.54　断面五模型整体竖向位移云图

比较图 2.54(a)～(f)可以看出：

(1)飞机着陆后,随着飞机向隧道区域移动,模型的竖向位移增大,最大发生在1.7～2.42s 模型中心线上,为 9.62mm。因此,位移最大时刻是在飞机离开隧道上方跑道板区域之后。

(2)随着飞机动荷载的离开,模型的竖向位移逐渐变小。

各个时刻模型最大竖向位移见表 2.14。

表 2.14　各时刻模型的最大竖向位移

时刻/s	0.01	0.7	1.3	1.7	2.42	3
最大位移/mm	−0.02	−3.06	−7.46	−8.69	−9.62	−8.04

4. 隧道衬砌竖向位移云图

衬砌的竖向位移云图如图 2.55 所示。

比较图 2.55(a)～(f)可以看出：

(1)飞机着陆后,向隧道区域移动,衬砌的变形随之增大。最大变形主要集中在隧道顶部,为 8.34mm,发生在 1.7～2.42s。即衬砌竖向位移最大的时刻也是发生在飞机离开隧道上方跑道板区域之后。

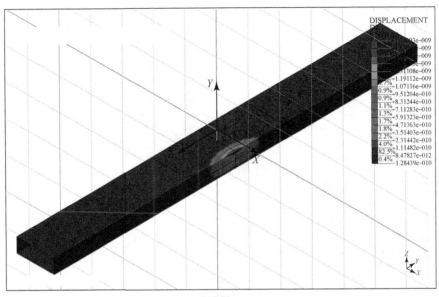

(a)0.01s

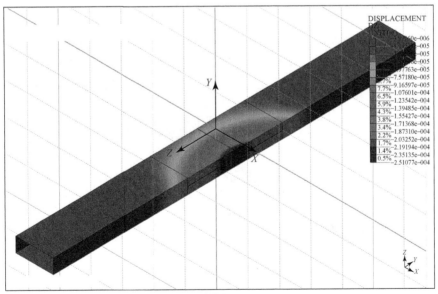

(b)0.7s

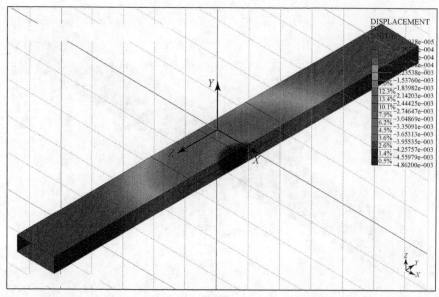

(c)1.3s

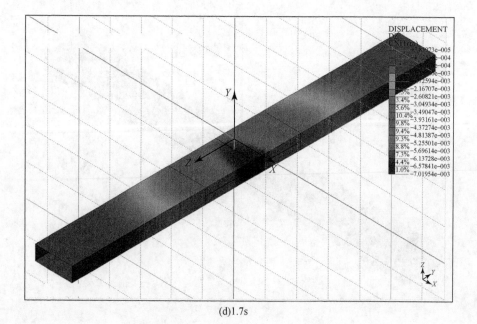

(d)1.7s

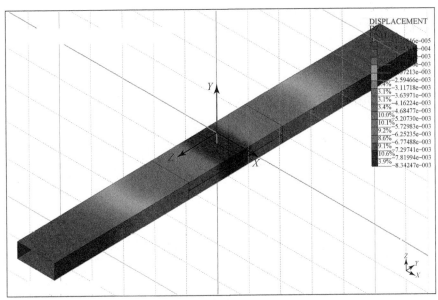

(e)2.42s

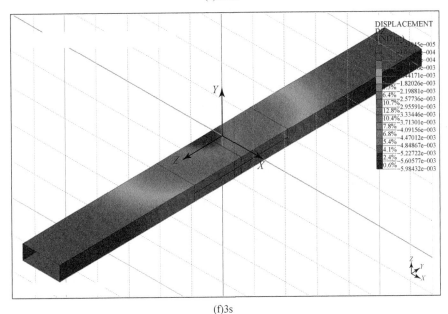

(f)3s

图 2.55　断面五衬砌竖向位移云图

(2)随着飞机移动荷载的离开,衬砌竖向位移慢慢恢复,施工中应加强控制跑道板下支护顶部的变形。

各个时刻衬砌的最大竖向位移见表 2.15。

表 2.15　断面五各时刻衬砌最大竖向位移

时刻/s	0.01	0.7	1.3	1.7	2.42	3
最大位移/mm	−0	−0.25	−4.86	−7.02	−8.34	−5.98

2.4.7　施作竖墙前后隧道变形对比分析

1. 隧道截面的竖向位移

提取荷载工况 2 作用下断面二、三的隧道变形计算结果,分析竖墙施作前后隧道竖向变形的差异。典型节点如图 2.25 所示,最大位移见表 2.16,最大位移变形曲线如图 2.56 所示。

表 2.16　竖墙施作前后隧道断面的最大位移

节点	施作竖墙		未施作竖墙	
	d_x/mm	d_z/mm	d_x/mm	d_z/mm
1	0	−7.96	0	−8.32
2	0	−7.74	0	−7.94
3	0	−7.46	0	−7.48
4	0	−7.25	0	−7.08
5	0	−7.2	0	−5.81
6	0	−7.47	0	−5.5
7	0	−8.01	0	−5.44
8	0	−7.45	0	−5.56
9	0	−7.13	0	−5.89
10	0	−7.18	0	−7.2
11	0	−7.38	0	−7.47
12	0	−7.64	0	−7.86
13	0	−7.85	0	−8.19
14	0	−7.95	0	−8.33
15	0	−8.09	0	−8.53
16	−0.1	−8.26	0.3	−8.75
17	0	−8.44	0	−9.02
18	0	−8.51	0	−9.26
19	0	−8.72	0	−9.41
20	0	−9.21	0	−10.2
21	0	−9.78	0	−11.1

续表

节点	施作竖墙		未施作竖墙	
	d_x/mm	d_z/mm	d_x/mm	d_z/mm
22	0	−10.25	0	−11.8
23	0	−10.44	0	−12.5
24	0	−10.15	0	−13.3
25	0.1	−9.33	0	−13.6
26	0	−10.18	0	−13.6
27	0	−10.49	0	−12.8
28	0	−10.32	0	−12.2
29	0	−9.86	0	−11.3
30	0	−9.3	0	−10.3
31	0	−8.82	0	−9.46
32	0	−8.71	0	−9.33
33	0	−8.55	0	−9.11
34	−0.1	−8.35	−0.3	−8.85
35	0	−8.2	0	−8.54
36	0	−8.06	0	−8.45

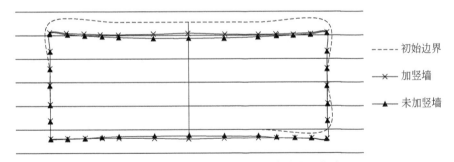

图 2.56　隧道断面各节点最大位移变形曲线

由图 2.56 可以看出：

(1)施作竖墙前后,隧道整体都是呈下沉趋势。

(2)施作竖墙后,由于竖墙的支撑作用,拱顶的竖向位移减小,但由于竖墙本身重力的作用,仰拱中间部分变形略有增加。

(3)施作竖墙前隧道竖向位移最大值发生拱顶中心处,为 13.6mm;施作竖墙后隧道竖向位移最大值发生在左洞洞顶处,为 10.49mm。

(4)施作竖墙前后,隧道侧墙的横向位移均较小,均小于 0.6mm。

(5)可见,施作竖墙可以有效控制隧道的竖向位移,增强隧道的安全性。

2. 隧道截面节点的竖向位移比较

提取施作竖墙前后的节点 1、5、7、25、27、31、34 竖向位移数据，得到各节点的位移曲线如图 2.57 所示。

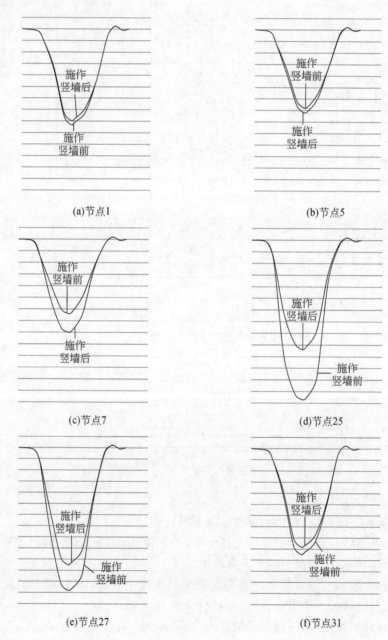

(a)节点1　　　　　　　　　　　　(b)节点5

(c)节点7　　　　　　　　　　　　(d)节点25

(e)节点27　　　　　　　　　　　　(f)节点31

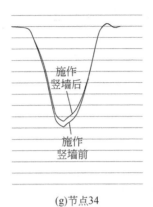

(g)节点34

图 2.57　施作竖墙前后节点位移

由图 2.57 可以看出：

(1)施作竖墙后节点 5、7 的竖向位移要大于施作竖墙前的竖向位移,且在节点 7 处两者相差最大,达 1.6mm。

(2)施作竖墙后节点 1、25、27、31、34 的竖向位移要小于施作竖墙前的竖向位移,且在节点 25 处相差最大,达 4.3mm。可见,施作竖墙可以从整体上有效控制隧道的竖向位移,增强隧道的安全性。

2.4.8　考虑跑道板前后对比

为确定跑道板的存在对隧道变形的影响,取工况 2 作用下断面五(考虑跑道板与不考虑跑道板两种模型)进行分析。

提取荷载工况 2 作用下断面五的隧道变形计算结果,分析考虑跑道板与不考虑跑道板两种模型隧道竖向变形的差异。最大位移见表 2.17,最大位移变形曲线如图 2.58 所示。

表 2.17　考虑跑道板前后隧道断面的最大位移

节点	工况 2	
	考虑跑道板	不考虑跑道板
	d_z/mm	d_z/mm
1	−7.72	−8.31
2	−7.67	−8.26
3	−7.66	−8.24
4	−7.72	−8.29
5	−7.68	−8.26

节点	工况 2	
	考虑跑道板	不考虑跑道板
	d_z/mm	d_z/mm
6	−7.65	−8.23
7	−7.67	−8.25
8	−7.67	−8.25
9	−7.65	−8.23
10	−7.60	−8.16
11	−7.59	−8.17
12	−7.62	−8.21
13	−7.69	−8.28
14	−7.78	−8.37
15	−7.85	−8.45
16	−7.95	−8.55
17	−8.06	−8.65
18	−8.14	−8.72
19	−8.23	−8.81
20	−8.27	−8.85
21	−8.20	−8.77
22	−8.22	−8.81
23	−8.23	−8.82
24	−8.25	−8.85
25	−8.24	−8.83
26	−8.25	−8.83
27	−8.33	−8.93
28	−8.32	−8.92
29	−8.23	−8.83
30	−8.15	−8.75
31	−8.05	−8.65
32	−7.95	−8.56
33	−7.87	−8.47
34	−7.79	−8.38

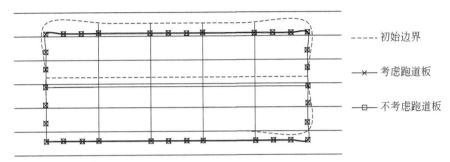

图 2.58　隧道断面各节点最大位移变形曲线

由图 2.58 可以看出：

(1)考虑跑道板前后,隧道整体都是呈下沉趋势。

(2)考虑跑道板后,由于跑道板的刚度较大,隧道的竖向位移减小。

(3)考虑跑道板前隧道竖向位移最大值发生在节点 27(左洞洞顶)处,为 8.33mm;不考虑跑道板隧道竖向位移最大值发生在节点 27(左洞洞顶)处,为 8.93mm。

可见,考虑跑道板前后隧道的竖向位移变化并不大,最大位移相差 0.61mm。

2.4.9　飞机重复作用的影响

由于飞机在跑道上重复起降,并且间隔时间较短,因此需要专门研究飞机动荷载短时重复作用对隧道变形是否有影响以及影响的程度。该机场飞机起落的频率最小为 90s 每班次,因此本节选取最不利荷载情况,即选取 A380 飞机,每隔 90s 起落的频率进行分析。由以上分析可知,在全断面开挖加竖墙(断面三),以及隧道开挖留核心土 2(断面五)时,隧道变形最大,故取这两种断面型式,在最不利工况 2,即飞机在距隧道外一倍洞径处降落并滑行通过隧道的工况进行动荷载模拟分析。

1. 全断面开挖加竖墙(断面三)时重复荷载的动力影响分析

分析隧道结构变形时,考虑到规则隧道结构型式,选取节点提取计算结果进行分析,如图 2.25 所示。

取工况 2 结果中隧道截面典型节点的竖向位移曲线如图 2.59 所示。

由图 2.59 可以看出：

(1)飞机每次在隧道边缘以外降落并滑行通过隧道上方时,各个节点的竖向位移曲线趋势基本相同,都随着移动荷载向隧道方向移动变大,随着移动荷载的离开又减小。

(2)由于竖墙的作用,飞机荷载作用下隧道截面各个节点的竖向相对位移非常小。各个节点的最大竖向位移基本集中在 9mm 左右,飞机重复荷载作用下,隧道结构各节点的变形量前后变化几乎相同。

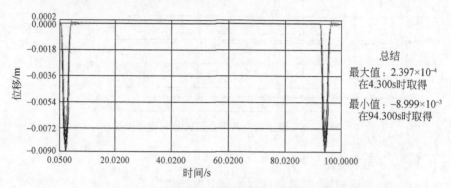

图 2.59　全断面开挖加竖墙(断面三)各节点竖向位移

(3)如图 2.60 所示,隧道左洞顶部节点 27 的竖向位移最大,为 8.99mm。

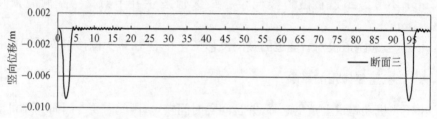

图 2.60　全断面开挖加竖墙(断面三)飞机重复作用下节点 27 竖向位移

(4)在没有飞机重复作用时,隧道模型上节点 27 有最大的竖向变形,其值为 9.16mm,两者比较可知,隧道结构在飞机重复作用下,其最大竖向变形并未有大的变化。当飞机首次滑离跑道 7.5s 后,隧道变形基本恢复为零,90s 后另一架 A380 飞机在跑道上起飞时,隧道变形情况和 90s 前的变形几乎保持一致,即飞机短时间内重复降落对隧道结构变形规律的影响可以忽略不计。也就是说在竖向上飞机重复荷载作用下变形沉降并没有出现累加效果。

工况 2 作用下隧道各个节点的横向位移较小,除节点 7、16、25、34 以外其他节点的最大位移都小于 0.5mm。隧道节点 7、16、25、34 的横向位移曲线如图 2.61 所示。

由图 2.61 可以看出:

(1)飞机通过隧道上方时,各个节点的横向位移前后有两次较大的位移变化,节点 7 先是在飞机位于隧道上方时发生一次正向较大横向位移,在飞机离开隧道后发生一次负向较大横向位移,曲线趋势与节点 16、25、34 正好相反。

（2）隧道截面在节点 25 处发生最大的横向位移，为 0.418mm。

（3）当飞机滑离跑道，90s 后另一架 A380 飞机在跑道上滑离时，隧道变形情况和 90s 前的变形几乎保持一致，也就是说在横向上并没有重复作用下变形沉降累加的效果。

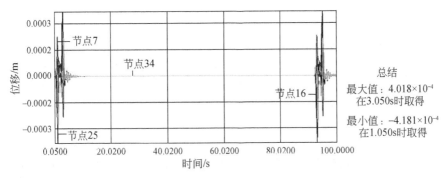

图 2.61　隧道节点 7、16、25、34 的横向位移

2. 隧道开挖留核心土 2 时（断面五）移动荷载的动力影响分析

分析隧道结构变形时，考虑到规则隧道结构型式，选取节点提取计算结果进行分析，如图 2.31 所示。

取工况 2 结果中隧道截面各个节点的竖向位移曲线如图 2.62 所示。

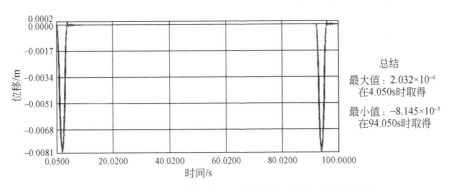

图 2.62　隧道开挖留核心土 2 时（断面五）各节点竖向位移

由图 2.62 可以看出：

（1）各个节点的竖向位移曲线趋势基本相同，都是随着飞机荷载向隧道方向移动变大，随着飞机荷载的离开又减小。

（2）由于管棚、钢支撑和核心土的作用，飞机荷载作用下隧道截面各个节点的竖向相对位移非常小。各个节点的最大竖向位移基本集中在 8mm 左右。

(3)如图 2.63 所示,隧道左洞顶部节点 23 的竖向位移最大,为 8.145mm。

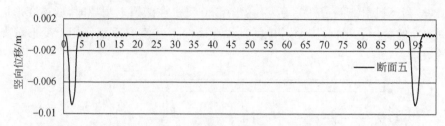

图 2.63　隧道开挖留核心土时(断面五)飞机重复作用下节点 23 竖向位移

(4)没有飞机重复作用时,隧道模型中节点 27 有最大的竖向变形,其值为 8.34mm,两者比较可知,隧道结构在飞机重复作用下,其最大竖向变形并未发生大的变化。当飞机飞机从降落并滑离跑道 7.5s 后,隧道变形基本恢复为零,90s 后另一架 A380 飞机在跑道上滑离时,隧道变形情况和 90s 前的变形几乎保持一致,也就是说在竖向上重复作用下变形沉降并没有出现累加的效果。

工况 1 作用下隧道各个节点的横向位移较小,除节点 6、15、24、32 以外其他节点的最大位移都小于 0.5mm。隧道节点 6、15、24、32 的横向位移曲线如图 2.64 所示。

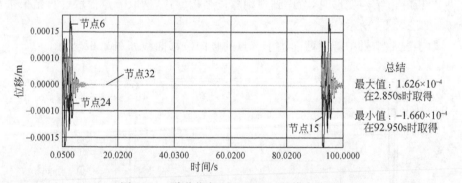

图 2.64　隧道节点 6、15、24、32 的横向位移

由图 2.64 可以看出:

(1)飞机通过隧道上方时,各个节点的横向位移前后有两次较大的位移变化,24 节点先是在飞机位于隧道上方时发生一次正向较大的横向位移,在飞机离开隧道后发生一次负向较大横向位移,曲线趋势与节点 6、15、32 正好相反。

(2)隧道截面在节点 24 处发生最大的横向位移,为 0.147mm。

(3)当飞机飞离跑道,90s 后另一架 A380 飞机在跑道上起飞时,隧道变形情况和 90s 前的变形几乎保持一致,也就是说在横向上并没有重复作用下变形沉降累加的效果。

本节分析了飞机动荷载作用下隧道力响应,考虑了 5 个断面,四种荷载作用方式,共计 20 种工况,得出了各种工况下隧道等效支护截面节点竖向、横向位移,模型竖向位移,等效支护结构竖向位移的变化规律,并且对比分析了加竖墙前后隧道的变形以及考虑跑道板前后的对比分析,分析了飞机重复作用的影响。

2.5 飞机动、静荷载作用下地表沉降及隧道结构监测数据分析

现场监测共布置 6 个断面(DM1~DM6),每个测试断面布置 11 个测点,编号为 D1~D11,其中中央跑道中心线附近位置设置 3 个断面,可以同时考虑飞机动、静荷载作用;远离中央跑道中心线设置 3 个断面(DM4~DM6),仅考虑飞机静荷载作用。动、静荷载作用地表沉降监测数据最大值与最小值如图 2.65 和图 2.66 所示,可以看出:

(1)静荷载作用下的地表沉降最大值为 9.81mm,位于 DM3 横断面 D6 测点,而在动荷载作用下的地表沉降最大值为 11.98mm,位于 DM5 横断面 D6 测点,这要比静荷载作用下的地表沉降值大 2.17mm,超过静荷载作用下地表沉降值的 22%。

(2)动荷载作用影响试验断面的测点地表沉降值有 12.84%~36.65%的增长。由此可见,在飞机动荷载作用下,对地表沉降的影响较为明显。

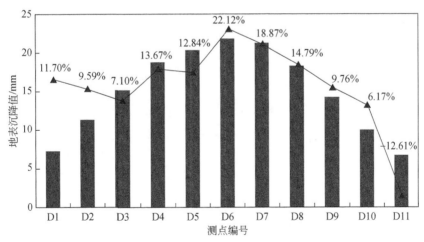

图 2.65 动、静荷载作用下地表沉降最小值对比图及动荷载引起地表沉降百分比曲线
■表示动荷载作用下测点地表沉降最小值,■表示静荷载作用下测点地表沉降最小值,
百分比表示动荷载作用下引起地表沉降的增值

具体静荷载、飞机动荷载地表沉降监测方法与分析详见第 7 章。

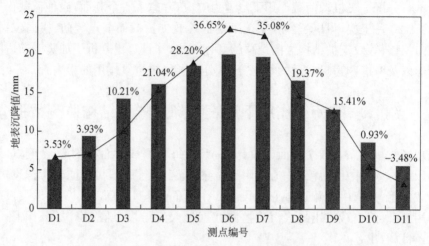

图 2.66　动、静荷载作用下地表沉降最大值比对图动荷载引起地表沉降百分比曲线

■表示动荷载作用下测点地表沉降最大值，表示静荷载作用下测点地表沉降最大值，
百分比表示动荷载作用下引起地表沉降的增值

动、静荷载作用下隧道拱顶沉降最大值与最小值如图 2.67～图 2.71 所示，可以得出：

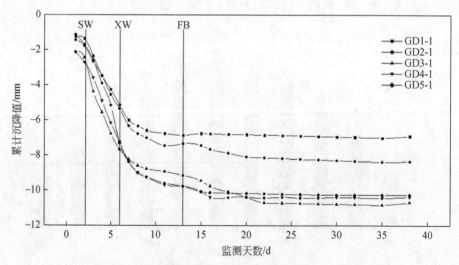

图 2.67　动、静荷载作用下 GDX-1 测点拱顶沉降-时间曲线

（1）由动、静荷载作用下试验断面拱顶沉降-时间关系对比曲线分析可知，静荷载作用下的拱顶累计沉降-时间曲线斜率较小、沉降较慢，而在飞机动荷载作用下的拱顶累计沉降-时间曲线上可以看出曲线斜率较大、沉降较快，这也印证了在飞

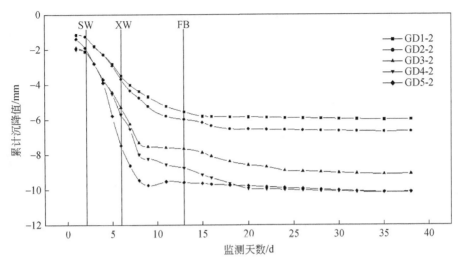

图 2.68 动、静荷载作用下 GDX-2 测点拱顶沉降-时间曲线

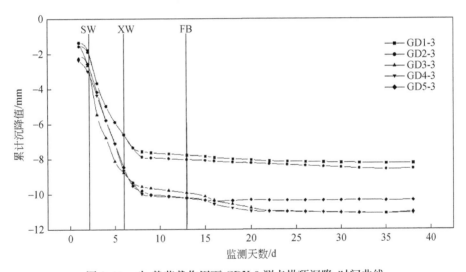

图 2.69 动、静荷载作用下 GDX-3 测点拱顶沉降-时间曲线

机轮载作用下中央主跑道下土层的压缩作用。从最终测量结果来看,不论静荷载还是动荷载作用下的拱顶累计沉降最终值都差异不大,动荷载作用下的拱顶沉降最终稳定值仅比静荷载作用下的最终沉降值大 1~2mm。

(2)从量测稳定时间上来看,动荷载作用下的测点要比静荷载作用下的测点稳定时间短,这也与飞机轮载下的土体反复碾压有关。

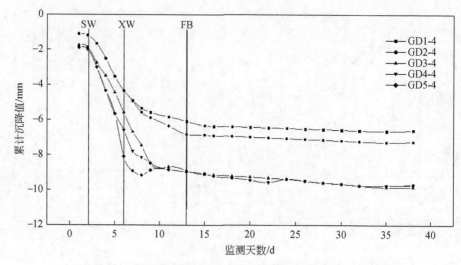

图 2.70　动、静荷载作用下 GDX-4 测点拱顶沉降-时间曲线

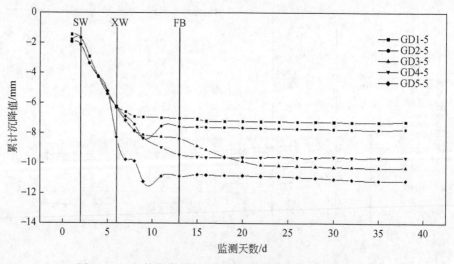

图 2.71　动、静荷载作用下 GDX-5 测点拱顶沉降-时间曲线

2.6　本章小结

针对首都国际机场 T2-T3 航站楼连接线及汽车通道工程,综合运用资料调研、数值模拟等手段,深入研究了飞机动荷载对首都国际机场飞机跑道下隧道支护体系的位移变化规律、受力特点等问题,由此得到的结论为该工程提供了重要参

考。主要结论如下：

(1)施工阶段飞机动荷载对隧道结构的影响规律。

根据以上研究容易得到，在施工阶段，即隧道上部 5 导洞全部贯穿，加工字钢钢支撑临时支护(断面一)；隧道 10 导洞全部贯穿，隧道支护施作完成(断面二)；隧道全部贯穿竖墙(断面三)；隧道开挖留核心土 1(断面四)；留核心土 2(断面五)，无论何种工况下，土体、隧道及跑道板的动力响应规律相似，变形曲线形状基本相同。飞机在隧道范围外一倍洞径处着陆并滑行通过隧道时，飞机动荷载对土体、跑道板及隧道支护的影响更大，并且随着着陆点距隧道边缘距离的变化，响应规律不变，数值略有变化，都是随着飞机荷载向隧道方向移动变大，随着飞机荷载的离开又减小。

四种断面型式都是在工况 2(飞机在隧道边缘以外一倍洞径处降落)作用下有最大的竖向位移变形：断面一发生在洞顶节点 21 处，为 8.86mm；断面二发生在洞顶节点 27 处，为 8.86mm；断面四发生在洞顶节点 27 处，为 8.27mm；断面五发生在洞顶节点 27 处，为 8.34mm。也即在管棚和钢支撑的作用下，飞机动荷载作用下钢支撑各个节点的竖向相对位移非常小。同时，四种断面型式下，其横向位移均小于 0.1mm。

(2)使用阶段飞机动荷载对隧道结构的影响规律。

同施工阶段四种断面型式一样，在四种工况作用下，隧道全部贯穿并施作竖强时(断面三)土体、隧道及跑道板的动力响应规律相似，变形曲线形状基本相同。飞机在隧道范围一倍洞径处着陆并滑行通过隧道时，飞机动荷载对土体、跑道板及隧道支护的影响更大，并且随着着陆点距隧道边缘距离的变化，响应规律不变，数值略有变化，都是随着飞机荷载向隧道方向移动变大，随着飞机荷载的离开又减小。

工况 2 作用下，隧道竖向位移最大值发生左洞洞顶处，最大位移为 9.16mm，略微大于其他断面型式最大位移变形。隧道侧墙的横向位移，均小于 0.5mm。

飞机到达隧道上方时隧道的变形最大，而是在飞机滑过隧道上方后隧道的节点竖向位移达到最大。

(3)飞机着陆点与隧道结构相对位置变化对动力响应的影响规律。

根据飞机着陆点的不同，分为四种工况进行动力分析：隧道一倍洞径外(工况 1)；隧道一倍洞径处(工况 2)；隧道边缘(工况 3)；隧道中心线上方(工况 4)。

四种工况下，土体、隧道及跑道板的动力响应规律相似，变形曲线形状基本相同。飞机在隧道范围一倍洞径处(即工况 2)着陆并滑行通过隧道时，移动飞机荷载对土体、跑道板及支护的影响更大，此时有最大的竖向变形，并且随着着陆点距隧道边缘距离的变化，响应规律不变，其竖向最大变形逐次减小，但量值变化很小。

隧道结构和钢支撑的竖向位移随着飞机进入隧道上方开始变大，当飞机全部离开隧道上方并距隧道边缘 32m 左右时达到最大值,然后逐渐减小。

(4)飞机跑道硬化层对动力响应的影响。

在考虑跑道板前后,隧道整体都呈下沉趋势。但由于跑道板的刚度较大,考虑跑道板后,隧道的竖向位移减小。

考虑跑道板时,工况 2 作用下,隧道竖向位移最大值发生在节点 27(左洞洞顶)处,为 8.33mm;不考虑跑道板隧道竖向位移最大值发生在节点 27(左洞洞顶)处,为 8.93mm。

考虑跑道板前后隧道的竖向位移变化并不大,最大位移相差 0.61mm,即跑道板对隧道的动力相应有限。

(5)飞机荷载重复作用下对隧道结构的影响。

A380 空客飞机从降落并滑离跑道 7.5s 后,隧道的变形基本恢复为零。考虑飞机重复荷载的作用时,在最不利断面型式三和最不利工况 2 的情形,且考虑最大荷载 A380 重复作用下,易知隧道变形在飞机滑离 7.5s 作用即基本恢复为零。

飞机重复作用时,隧道的变形情况与第一次几乎完全一致,并未对隧道的变形产生累积效果。

(6)飞机动、静荷载作用下地表沉降监测数据对比分析。

飞机动荷载作用下,对地表沉降的影响较为明显,动荷载作用影响试验断面的测点地表沉降值有 12.84%～36.65%的增长。

(7)飞机动、静荷载作用下隧道拱顶沉降监测数据对比分析。

飞机动、静荷载作用下拱顶累计沉降最终值差异不大,动荷载作用下的沉降最终值仅比静荷载作用结果大 1～2mm;从量测稳定时间上来看,动荷载作用下的测点要比静荷载作用下的测点稳定时间短,这也与飞机轮载下的土体反复碾压有关。

第3章 长大管幕支护力学特性

3.1 概 述

管幕法是在管棚法的基础上发展起来的一种新型顶管工法,是管棚法在软土地质等不良特殊地质上的技术延伸,起源于日本。管幕的钢管通常用顶进法施工,钢管间通过锁扣相连接,形成封闭维护体系的锁角结构,如图3.1所示。因此可以有效地阻挡地下水的侵入,降低对地面活动及地下管线的影响,对周围环境影响甚少。暗挖隧道长度较短时管幕法施工的造价要远小于盾构法施工,而且即使所处位置地面覆土厚度较薄,对于地面的扰动仍然非常小,能够有效控制地表沉降。

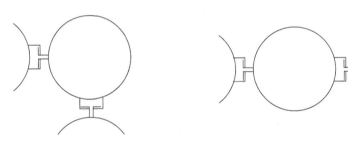

图3.1 锁角结构

1971年,日本Kawase-Inae穿越铁路工程是管幕法的首次应用。

1979年,欧洲开始采用管幕法施工,修建位于铁路车站下面的安特卫普地铁车站。

1982年,新加坡采用24根ϕ600mm的钢管围成管幕,在城市街道下修建地下通道。

1993年,马来西亚开始采用管幕法施工。

1994年,管幕法首次在美国应用。

2000年,日本的大池成田线高速公路下大断面箱涵长47m、宽19.8m、高7.33m,采用管幕结合F.I工法施工,注浆加固管幕内土体。

2004年,上海中环线虹许路—北虹路地道施工,由80根ϕ970mm的钢管组成矩形,单根钢管长125m,单向顶进,这是我国第一次采用管幕法结合箱涵顶进法施工。

2004年,北京地铁5号线崇文门站下穿地铁1号线区间隧道工程,为避免因地表沉降过大损害邻近建(构)筑物,采取 30 根 $\phi600mm$ 的钢管形成超前支护的施工方案。

管幕工法施工对地表沉降的影响主要包括 3 个阶段。

1)管幕布置阶段

影响这一阶段沉降大小的因素主要包括管幕布置形式、管幕规格以及管幕施工的精度。管幕的布置形式灵活多变,常见的有"口"字形、马蹄形、拱形、"门"字形等如图 3.2 所示,因此隧道断面的聚合形状可根据设计需求而变化;钢管的直径和数量决定其施工速度、施工周期以及通道开挖阶段的土体沉降。钢管直径越大,其刚度越大,包围结构体所需的钢管数量越少,钢管间锁口越少,施工中对土体沉降及周边环境的影响也越小;管幕的顶进犹如一台小型盾构机掘进,在牵引管幕就位过程中,掘进土体引起开挖面地层损失、盾构四周土层损失及盾尾间隙等因素,均造成顶进阶段的地表沉降。

图 3.2　常见管幕布置形式

2)管幕保护下隧道开挖支撑阶段

隧道开挖支撑阶段中掌子面土体的开挖会造成管幕的变形,进而影响地表变形,同时地下水位的降低也会引起一定的沉降。因此,做好开挖掌子面的土体稳定性和密实性是重点。同时,在管幕内开挖支撑阶段,开挖顺序、支撑布置及开挖区域土体的加固处理等都必须科学设计。管幕内开挖方案主要有两种,即管幕结合浅埋暗挖和管幕结合箱涵顶进。

浅埋暗挖方案主要施工流程为:端头工作井施工—管幕进出洞加固—管幕钢管顶进—内部土体水平加固—破除洞门—双向渐次开挖支护—开挖支护与现浇内部结构交替进行—现浇最终接头。箱涵顶进方案主要施工流程为:南北工作井施工—管幕和箱涵进出洞加固—管幕钢管顶进—管幕梁后靠结构箱涵推进平台施工安装、网格工具头首节箱涵制作、洞口止水装置安装、破除洞门首节箱涵、顶进同步注浆箱涵制作和顶进交替进行破除南工作井地下墙现浇,最终接头泥浆套固化。

3)施工完成后土体的固结阶段

这一阶段的固结程度主要取决于现场土体的自身性质、上覆荷载的大小、地下水位的变化及地区气象条件等,人为可控制的难度较大,因而研究意义并不大。

上述三阶段引起的地表沉降中,前两个阶段产生的沉降比较大,因此地表沉降的控制主要取决于管幕的布置形式与规格、开挖区域土体的加固方式及管幕内开挖顺序与支撑布置过程。

管幕法以顶管技术为基础,但又不完全等同于顶管。有关顶管的理论及设计方法已有很多,而有关管幕法的理论研究较少。管幕法的理论研究大体分为三类,即梁理论、拱壳理论、弹性地基梁理论。尽管理论研究较为充分,但下穿机场跑道工程并不多见,国内外相关设计经验也较少,成功经验更是少之又少。为保证工程实施的安全可靠,必须了解工程特点及管幕的受力特性。

国内外的专家学者在管幕法超前支护理论方面进行了一定的研究,并取得了一些科研成果。

1984 年,Yoshiaki 对钢管之间锁口的受力特性进行了理论分析,并进行对比试验。

1985 年,大川孝等在软土地区中应用管幕法,研究表明若对管幕内土体进行加固,可将管幕作为弹性地基梁进行计算。

1994 年,Kotake 等对注浆管幕的作用机理和加固效果进行了研究,结果表明管幕的施作限制了围岩应力的释放,保证了隧道掌子面的稳定性。

2003 年,Tan 运用 FLAC(fast Lagrangian analysis of continua)对管幕法进行数值模拟分析,结果表明管幕的施作可明显减少隧道变形,地表沉降可减少40%～50%。

2004 年,姚大钧等介绍了软黏土中管幕施工设计要点,并对下穿松山机场跑道隧道工程进行了分析。

2006 年,孙旻等采用 D-P 弹塑性本构模型对管幕法地下隧道施工进行了三维数值模拟,分析的结果同实测数据拟合得很好,基本上能反映出地表沉降曲线的变化趋势。

在覆土深度浅的暗挖隧道施工中,土体自承能力差,因此管幕受力较为明确。在分析中,可不考虑上层土体与管幕的相互作用。对于已开挖段,管幕承受上覆土层厚度的重量;而未开挖段,掌子面前一定范围内的围岩处于松动状态,形成松散区,此范围内的管幕承受压力,隧道开挖过程中管幕受力情况如图 3.3 所示。

目前在理论方面,管幕施工工艺、管幕支护作用机理及支护效果预测、管幕支护条件下大跨度隧道开挖方式的选择及其开挖掌子面土体稳定性分析、管幕施工对周边环境的影响及其控制等,都处于试验、研究和经验类比的阶段,已无法适应

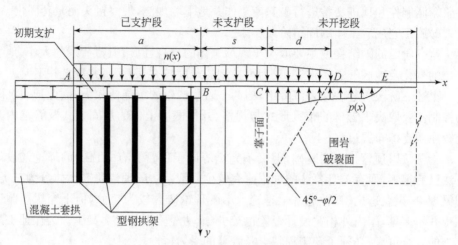

图 3.3　隧道开挖过程中管幕受力示意图

当前地下工程发展的需要。因此,在总结和借鉴以往国内外管幕支护施工经验和研究成果的基础上,对管幕支护设计和施工参数进行定量分析,是地下工程技术领域一个重要而有紧迫性的课题。

3.2　长大管幕模型试验设计

模型试验研究方法一直以来都是隧道工程研究的一种重要手段,对隧道工程的发展起着很大的推动作用,特别是在一些地质复杂、工程艰难、意义重大的隧道工程中,模型试验更是发挥着不可缺少的作用,为工程设计与施工提供了宝贵的试验数据。例如,为了配合设计,大瑶山隧道工程做了大量的结构模型试验,并取得了大量试验成果,为工程的修建提供了依据。北京地铁复—八线区间隧道工程也进行了复合式衬砌模型试验,考虑了单层衬砌和复合式衬砌的各自承载能力。南水北调穿黄隧道工程进行了模型试验,主要是结构模型试验,研究圆形预制管片内外层衬砌在内水压力和外水压力下的变形规律,模型没有考虑围岩的作用。上海延安东路越江隧道工程曾进行过 1∶1 的衬砌结构模型试验,秦岭隧道工程也进行过模型试验。可以说,模型试验研究在隧道工程中是历史悠久、成果丰硕的。

但是从所查文献来看,对长大管幕作用机理的模型试验研究还处于起始阶段,文献很少,穿越不停航机场的隧道工程模型试验研究就更少了。

同济大学周顺华结合上海某地下过街道采用管棚作为辅助工法的实例通过土工离心模拟试验研究该工法在饱和砂性土层中管棚能否形成棚效应。肖世国等曾针对上海市中环线虹许路—北虹路下立交工程做了管幕的模型试验,研究了箱涵顶进管幕施工中管幕力学作用机理。但这与本研究的浅埋暗挖还是有较大区别的,穿越不停航机场跑道对控制地面沉降有苛刻的要求,首都国际机场的管幕更长更大,模型试验的精准度也要求更高[22]。

　　穿越重要建筑物的课题日益受到人们的关注和认识,长大管幕作用机理的研究,特别是长大管幕的合理参数的研究方兴未艾,考虑长大管幕沉降规律的模型试验也正在越来越受到人们的关注。

3.2.1　相似理论与模型试验原理

　　1. 相似理论的基本定理

　　1)相似三定理

　　相似理论是研究自然界和工程中各种相似现象相似原理的学说。物理现象相似的必要条件和允分条件可以归纳为以下 3 个定理:

　　(1)相似第一定理(相似正定理)。

　　此定理由牛顿于 1686 年首先提出,此后由法国科学家贝尔特兰于 1848 年给出严格证明。相似第一定理可表述为:过程相似则相似准数不变,相似指标为 1。

　　(2)相似第二定理(π 定理)。

　　相似第二定理是 1911 年由俄国学者费捷尔曼导出的,1914 年美国学者白金汉也得到同样的结果。相似第二定理可表述为:描述相似现象的物理方程均可以变成相似准数组成的综合方程,现象相似,其综合方程必须相同。

　　(3)相似第三定理(相似逆定理)。

　　相似第三定理是由基尔皮契夫及古赫尔曼于 1930 年解决的。相似第三定理可表述为:在几何相似系统中,具有相同文字的关系方程式,单值条件相似,且由单值条件组成的相似准数相等,则这两个系统是相似的。

　　2)相似准数的导出

　　相似准数的导出方法主要有定律分析法、方程分析法与量纲分析法。

　　(1)定律分析法。

　　当已经掌握所研究现象的全部物理定律并能辨别其主次时,通过现象的主要物理定律就可得到反映现象实质的 π 项。此方法的缺点是流于就事论事,且必须找出全部物理定律。

　　(2)方程分析法。

　　方程分析法是由反映物理过程的基本方程和全部单值条件导出的相似准则的方法。采用此方法的前提条件是对所研究的问题能建立出数学方程或方程组和给出单值条件式(包括边界条件)。这种方法的优点是:①结构严密,能反映对现象来说最为本质的物理定律,故解决问题时结论可靠;②分析过程程序明确,分析步骤易于检查;③各种成分的地位一览无遗,有利于推断、比较和校验。但是,也要考虑到：①在方程尚处于建立阶段时，需要人们对现象的机理有很深入的知识；②在有了方程以后，由于运算上的困难，也并非任何时候都能找到它的完整解，或者只能在一定假设条件下找出它的近似解，从而在某种程度上失去了它原来的意义。

（3）量纲分析法。

量纲分析法是以 π 定理为基础，通过物理量量纲齐次性的原则，确定各物理量之间关系的方法。量纲分析可以用来校核理论或者试验导出物理方程式的正确性；借助量纲因次分析的简单方法能求出各个孤立变量之间的某种联系，这些联系反映了一定的物理规律。量纲分析法的这些优点，对机理尚未彻底弄清、规律也未充分掌握的复杂现象来说，作用尤其明显。

量纲分析法十分有用，但也有一定的局限性：①量纲分析法无法考虑现象的单值条件，因此往往难以构成现象相似的充要条件；②很难区别量纲相同却具有不同物理意义的物理量（如压力、应力、黏聚力、外附力、弹性模量等物理量均具有相同的量纲，但意义不同），因此无法显示现象的内部结构和各物理量所占据的地位；③很难控制量纲为零的物理量，尽管它们具有自身的物理意义，但置入与否并不影响无量纲综合数群——相似准则的形成；④很难发现在关系方程中常会遇到的带有量纲的物理常数，因此在试验中混同于含有其量纲成分的物理量一起处理，使常数变成了变数成分。

以上三种方法中，方程分析法和量纲分析法应用较广，两者相比，凡是能用方程分析法的地方，必定能用量纲分析法，而能用量纲分析法的地方，未必都能用方程分析法。

2. 相似准数的选择

根据相似理论以及相似材料的选取不同，模型试验中相似准数的选择方案可以归纳为以下三种。

1）选用原型材料方案

（1）应力场相似准数。

几何相似准数：

$$\alpha_l = \frac{l_p}{l_m} = C_0 \tag{3.1}$$

弹性模量相似准数：

$$\alpha_E = \frac{E_p}{E_m} = 1 \tag{3.2}$$

泊松比相似准数：

$$\alpha_\nu = \frac{\nu_p}{\nu_m} = 1 \tag{3.3}$$

容重相似准数：

$$\alpha_\gamma = \frac{\gamma_p}{\gamma_m} = 1 \tag{3.4}$$

根据相似指标式可以得到如下关系：

$$\alpha_\sigma = \alpha_\gamma \alpha_l = C_0 \tag{3.5}$$

$$\alpha_\varepsilon = \frac{\alpha_\sigma}{\alpha_E} = C_0 \tag{3.6}$$

$$\alpha_{\bar{X}} = \alpha_\gamma \alpha_l = C_0 \tag{3.7}$$

位移相似准数：

$$\alpha_\delta = \alpha_\varepsilon \alpha_l = \frac{\alpha_l \alpha_\sigma}{\alpha_E} = C_0^2 \tag{3.8}$$

（2）方案评价。

选用原型材料的优点概括如下：

①选用原型材料，试验土层可以选用与现场相近的土层或者取现场的土层，这样就避免了相似材料的配比难题。

②衬砌结构可以用混凝土按几何相似准数浇注，材料易取，且结构的物理力学参数以及渗透系数可以和现场的做到很好的一致。

（3）试验方案的缺点和难点。

①理论要求试验中要保证岩层与隧道结构处于弹性受力阶段，这一点在试验中控制可能有些难度。

②应力场相似上，按方程分析法导出相似准数推导，若取原型材料，则应变的相似准数不为1，也有文献中提到可以允许应变的相似准数不为1，但应变的相似准数值偏离较多。

③衬砌结构的几何缩小造成的影响如何评价还不明确。

2）选用低弹模相似材料方案

（1）应力场相似准数。

几何相似准数：

$$\alpha_l = \frac{l_p}{l_m} = C_0$$

弹性模量相似准数：

$$\alpha_E = \frac{E_p}{E_m} = C_0 \tag{3.9}$$

泊松比相似准数：

$$\alpha_\nu = \frac{\nu_p}{\nu_m} = 1$$

容重相似准数：

$$\alpha_\gamma = \frac{\gamma_p}{\gamma_m} = 1$$

根据相似指标式可以得到如下关系：

$$\alpha_\sigma = \alpha_\gamma \alpha_l = C_0$$

$$\alpha_\varepsilon = \frac{\alpha_\sigma}{\alpha_E} = 1 \tag{3.10}$$

$$\alpha_{\bar{X}} = \alpha_\gamma \alpha_l = C_0$$

位移相似准数：

$$\alpha_\delta = \alpha_\varepsilon \alpha_l = \frac{\alpha_l \alpha_\sigma}{\alpha_E} = C_0$$

(2)方案评价。

这种相似准数的设计方案最为常见，很多文献中都有叙述，在相似理论上也使用得比较成熟。这种试验方案的优点可以概括如下：

①相似理论成熟，思路清晰，且对于应力、位移并无限制，同样适用于大变形非线性的问题，只要满足几何相似及应力-应变关系相似，则结论均适用。

②相似材料弹性模量较低，试验的受力变形相似准数变大，便于试验测试。

(3)试验方案的缺点和难点。

①相似材料比较难配，要求相似材料的弹性模量降低倍数较大，同时还要求材料的容重保持与原型一致。

②对于衬砌结构，弹性模量降低后还要保证结构的强度，且要求材料的应力-应变关系相似。

3)选用改变容重的相似材料方案

(1)应力场相似准数。

几何尺寸、弹性模量、容重这 3 个相似准数中，有两个是独立和基本的相似准数。当几何相似准数确定后，弹性模量与容重就具有相互制约的关系，为相似材料的配比方便，可以改变相似材料的容重。

假设相似材料的几何尺寸、弹性模量、容重相似准数如下。

几何相似准数：

$$\alpha_l = \frac{l_p}{l_m} = C_1 \tag{3.11}$$

弹性模量相似准数：

$$\alpha_E = \frac{E_p}{E_m} = C_2 \tag{3.12}$$

泊松比相似准数：

$$\alpha_\nu = \frac{\nu_p}{\nu_m} = 1$$

容重相似准数:

$$\alpha_\gamma = \frac{\gamma_p}{\gamma_m} = C_3 \tag{3.13}$$

根据相似指标式可以得到如下关系:

$$\alpha_\sigma = \alpha_E = \alpha_\gamma \alpha_l \Rightarrow C_2 = C_1 C_3 \tag{3.14}$$

$$\alpha_\varepsilon = \frac{\alpha_\sigma}{\alpha_E} = 1, \quad \alpha_{\bar{X}} = \alpha_\gamma \alpha_l = C_2 \tag{3.15}$$

$$\alpha_\delta = \alpha_\varepsilon \alpha_l = \frac{\alpha_l \alpha_\sigma}{\alpha_E} = C_1 \tag{3.16}$$

(2)方案评价。

这种相似准数的设计方案也不少见,多用于离心模型试验中,在一般的模型试验中也有用到。

这种试验方案的优点可以概括如下:

①相似理论成熟,思路清晰,且对于应力、位移并无限制,同样适用于大变形非线性的问题,只要满足几何相似及应力-应变关系相似,结论就均适用。

②解决一些相似材料配比难度。

(3)这种试验方案的缺点和难点。

①相似材料容重改变是有限制的,相似材料的弹性模量还是要求降低不少,相似材料配比还是有一定的难度。

②采用自重加载系统可以相对增加容重,按本模型试验的工程背景及设备加载能力,可以很大地提高相似材料的容重,但是衬砌结构的实际容重不变,结构受力较难分析。

3. 本模型试验选取的相似准则

1)围岩材料相似准则

选用低弹模相似材料方案,模型试验中围岩相似材料应满足如下相似准则。

容重相似准数:

$$\alpha_\gamma = 1 \tag{3.17}$$

泊松比相似准数:

$$\alpha_\nu = 1 \tag{3.18}$$

弹性模量相似准数:

$$\alpha_E = \alpha_\gamma \alpha_l = 24.25 \tag{3.19}$$

2)管幕结构相似准则

就管幕结构来说,对安全起控制作用的是抗弯能力和弯曲应变,因此管幕模型相似应以抗弯刚度为主,按照纵向等效抗弯刚度进行相似准则确定。

$$\frac{E_{\text{p}} I_{\text{p}}}{E_{\text{m}} I_{\text{m}}} = \frac{E_{\text{p1}} I_{\text{p1}} + E_{\text{p2}} I_{\text{p2}}}{E_{\text{m1}} I_{\text{m1}} + E_{\text{m2}} I_{\text{m2}}} = \alpha_E \alpha_l^4 \tag{3.20}$$

3)初支结构相似准则

就衬砌结构来说,对安全起控制作用的是抗弯能力和弯曲应变,因此模型相似应以抗弯刚度为主。隧道衬砌结构是一个弹性壳体结构,既承受弯曲应力,又承受轴力。弯曲变形和轴向变形的控制方程不相同,两者适用的相似准则也不同。弯曲变形和轴向变形情况下,模型试验的相似准则如下。

(1)弯曲变形相似准则将衬砌壳体视为薄板结构。设板的厚度为 h,x 和 y 为横截面内两个互相垂直方向的坐标。在横向均布力 q 的作用下,薄板挠曲 ω 满足控制方程

$$\frac{\partial^4 \omega}{\partial^4 x} + 2 \frac{\partial^2 \omega}{\partial^2 x} \frac{\partial^2 \omega}{\partial^2 y} + \frac{\partial^4 \omega}{\partial^4 y} = \frac{q}{K} \tag{3.21}$$

$$K = \frac{E h^3}{12(1 - \nu^2)} \tag{3.22}$$

式中:K 为板的弯曲刚度;E 为弹性模量;ν 为泊松比。

设模型的缩尺比例(模型比)$C_1 = l/n$。模型和原型都需满足式(3.28)、式(3.29),经推导可以得到相似准则:

$$h_{\text{m}} = \frac{h_{\text{p}}}{n} \left[\frac{E_{\text{p}}(1 - \mu_{\text{m}}^2)}{E_{\text{m}}(1 - \mu_{\text{p}}^2)} \right]^{1/3} \tag{3.23}$$

(2)轴向变形相似准则对于轴向承受均布力 F 的情况,控制方程为

$$\Delta = \frac{FL}{EA} \tag{3.24}$$

式中:Δ 为轴向变形量;A 为轴向截面面积。推导得到相似准则为

$$\alpha_h = \frac{1}{n} \frac{E_{\text{p}}}{E_{\text{m}}} \tag{3.25}$$

当模型与原型材料一致时,两种受力条件的相似准则同时得到满足。当模型材料与原型材料不同时,两种相似准则不能同时满足,因此按两种准则计算的模型厚度不一样。而对初期支护来说,弯曲变形是其安全的主要控制模式,应以弯曲变形的相似准则确定其厚度。

3.2.2　试验设备与模型制作

1. 试验设备介绍

1)模型试验台架

研究开发的模型试验设备如图 3.4 所示,其中试验台架尺寸为 260cm×60cm,上方 4 个油缸,左右各 2 个油缸,每个加载油缸最大可施加荷载 500kN,通过计算

机实现电液伺服控制加载,实现了精确定位和施力,力控制精度为 1%。每个油缸接一个顶板,力的加载通过顶板均匀施加到试样上。台架配有液压加载油泵。台架还设计了 0.2MPa 水压加载系统,配有水压加载水泵。液压加载系统与水压加载系统无干涉。本模型试验台架具有模拟水土共同复杂作用下隧道结构受力特征的能力。模型试验台架安置在北京交通大学隧道及地下工程试验研究中心。

(a) 模型试验台架

(b) 油压箱

(c) 水箱

(d) 控制微机与数据采集器

(e) 8 通道电液伺服控制器

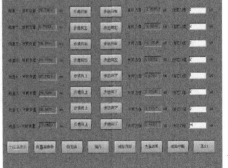

(f) 8 通道电液伺服控制软件界面

图 3.4 模型试验台架及控制系统

2)数据采集系统

本模型试验采用的传感器主要有应变片、土压力盒、百分表等。

应变片在模型试验数据采集中起重要作用,为此模型试验中分别采用日本协和工业株式会社生产的 KFW-5-120 型号应变片,其中日本协和工业株式会社生产的 KFW-5-120 型号应变片具有自防水功能,如图 3.5 所示。

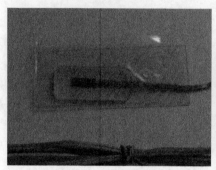　　

(a) KFW-5-120型号应变片　　　　　　　　(b) 百分表

图 3.5　应变片与百分表

应变片贴好后,用电阻表或者万用表初步核实其电阻,同时必须用兆欧表测应变片与隧道混凝土之间的绝缘电阻,在干燥条件下确保绝缘电阻大于 200MΩ,在潮湿环境中绝缘电阻至少应大于100MΩ。

采集系统采用河北秦皇岛市北戴河兰德科技有限公司的 BZ2205C 程控电阻静态应变仪(图 3.6)。

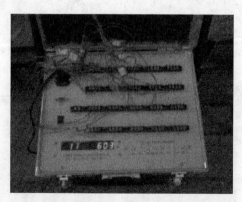

图 3.6　BZ2205C 程控电阻静态应变仪

2. 围岩相似材料

1)土体材料配比调研

3.2.2节模型试验相似准数的选择方案,要求围岩相似材料的容重与原型围岩材料的相等,但是其弹性模量是原型围岩材料弹性模量的 1/24.25。为此,根据方案要求的准则对常用岩土体模拟材料进行调研。

对于围岩体模型材料的研究,国内外已经做了不少工作。总结起来,常规材料基本有纯石膏材料、石膏混合材料、以石蜡为黏结剂的相似材料、以机油为黏结剂的相似材料和以松香为黏结剂的相似材料。另外,国外学者 Goodman 建议,可用面粉、食油和砂的混合物作为相似材料,模拟不连续岩体中开挖工程的二维运动学模型。清华大学研制出了以石膏、重晶石粉为主要材料的模型材料。中国科学院地理科学与资源研究所的吴玉庚提出,模拟断层、破碎带、软弱夹层的相似材料有:黏土和凡士林,黏土和液状石蜡,黏土和滑石粉,砂和凡士林,砂、黏土、凡士林和石膏,石膏、黏土、凡士林和液状石蜡,黏土和水;砂、黏土、液状石蜡和石膏,砂、石膏和凡士林,黏土、凡士林和滑石粉,黏土和甘油等。

常规土体材料很少有如此低的压缩模量,为降低模型材料的压缩模量,采用细质木屑降低模型土体的密实度,而这和保持与原状地层的容重一致是矛盾的。为解决这一问题,在材料中添加无黏性高容重的高品位四氧化三铁粉,作为增加容重的手段。另外,为了减小黏聚力,必须降低土中黏粒的含量,增加砂性土含量。

因此,试验中采用 2mm 粒径砂土、铁粉、黏土、木屑作为制作模型土体的基本材料。每一项材料的用量都需经过反复的配比并试验测试。

2)试验配比过程

配比过程需要进行一系列围岩相似材料的土工试验,测试得到准确详细的材料物理力学参数,确保满足模型试验相似准数,便于试验后的数据计算分析。土工试验在隧道中心土工试验室进行。

用来模拟原状土的主要材料包括铁粉、细木屑、细砂、黏土,如图 3.7 所示,通过比重和含水率试验,测得各自的基本参数如表 3.1 所示。

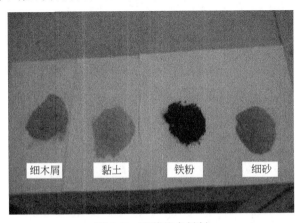

图 3.7　四种基本材料

表 3.1　四种基本材料的参数

基本材料	铁粉	细木屑	细砂	黏土
比重	4.14	0.75	2.69	2.69
含水率/%	0.68	2.38	5.93	21.77

根据各基本材料的参数和容重比尺近似为 1.0 的条件,确定了四种配比方案,见表 3.2。

表 3.2　四种基本材料配比方案

配比类型	基本材料配比 $P(*)$/%				比重
	铁粉	细木屑	细沙	黏土	
A	10	5	75	10	2.82
B	20	10	65	5	2.86
C	30	15	53	2	2.90
D	30	20	48	2	2.78

注:模型材料比重计算公式:

$$Gs = \frac{1}{\frac{P(Fe_3O_4)}{Gs(Fe_3O_4)} + \frac{P(sawdust)}{Gs(sawdust)} + \frac{P(sand)}{Gs(sand)} + \frac{P(clay)}{Gs(clay)}}$$

含水率对材料性质有较大影响,根据各基本材料的参数,在确定了以上四种基本材料配比方案的基础上,每种配比又选择了五种含水率,见表 3.3。

表 3.3　五种含水率方案

编号	I	II	III	IV	V
含水率/%	5	10	15	20	25

注:基本材料配比和含水率是影响模型材料物理力学性质的两个主要因素,为方便记录比较,编号为"C III"的材料即表示该模型材料的基本材料配比为 C 型,含水率为 III 型。

直剪试验采用的直剪仪剪切面积为 30cm²,直剪应力环的系数为 5.2N/0.01mm;试件厚 20mm,单层击实成形。图 3.8 为直剪试验过程,试验结果见表 3.4 和表 3.5,内摩擦角和黏聚力随含水率的变化曲线图如图 3.9 和图 3.10 所示。

(a) 试验配料

(b) 试样制作

(c) 制作好的试样

(d) 直剪试验

图 3.8　直剪试验过程

表 3.4　直剪试验的内摩擦角统计数据　　　　　　　[单位:(°)]

编号	基本材料配比类型			
	A	B	C	D
Ⅰ	38.45	32.56	39.84	38.2
Ⅱ	30.02	30.50	37.14	32.59
Ⅲ	25.03	28.17	30.42	28.90
Ⅳ	26.07	26.34	28.08	27.23
Ⅴ	24.45	26.69	27.02	28.22

表 3.5　直剪试验的黏聚力统计数据　　　　　　　（单位:kPa）

编号	基本材料配比类型			
	A	B	C	D
Ⅰ	28.42	18.94	8.71	7.25
Ⅱ	22.30	13.51	5.10	5.51
Ⅲ	18.93	10.33	3.66	2.54

编号	基本材料配比类型			
	A	B	C	D
Ⅳ	16.55	8.82	2.05	1.32
Ⅴ	15.51	8.05	1.33	1.26

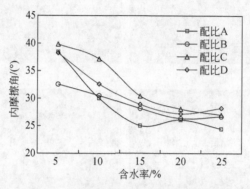

图 3.9　内摩擦角随含水率变化曲线图

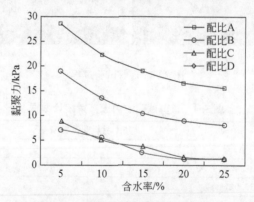

图 3.10　黏聚力随含水率变化曲线图

由图 3.10 可以看出：①同样的基本材料配比情况下，内摩擦角和黏聚力受含水率影响显著，且两者均随含水率增大而减小；②含水率相同时，黏土含量越高，则黏聚力和内摩擦角也越大。

根据相似理论的要求，再结合各个配比下的黏聚力、内摩擦角数据可知，在相似比为 1∶24.25 的情况下，CⅣ、CⅤ、DⅣ、DⅤ 这四种配比材料比较符合要求，下面通过快速固结试验，测定这四种配比材料的侧限压缩模量，进一步确定所需要的配比类型。三联固结试验如图 3.11 所示，其固结后的土样如图 3.12 所示。

図 3.11　三联固结试验　　　　图 3.12　固结后的土样

快速固结试验选取 CⅣ、CⅤ、DⅣ、DⅤ 这四种配比材料进行四组快速固结试验,各试验数据见表 3.6。

表 3.6　压缩模量试验成果表　　　　（单位：MPa）

配比类型	试件编号			平均值
	①	②	③	
CⅣ	0.85	0.96	1.01	0.94
CⅤ	0.87	0.87	0.93	0.89
DⅣ	0.61	0.58	0.50	0.56
DⅤ	0.56	0.61	0.73	0.63

根据试验结果可知,DⅣ 比较符合配比要求。

根据模型材料要求,依据现有试验数据,对模型材料配制给出如下建议,见表 3.7。

表 3.7　推荐材料配比　　　　（单位：%）

配比类型	基本配比材料				含水率
	铁粉	细木屑	细砂	黏土	
DⅣ	30	20	48	2	20

原状土和已确定模型材料的参数对比见表 3.8。可知,已确定的模型材料基本满足模型比尺(1:24.25)的要求。

表 3.8　原状土和模型材料的各参数对比

土样	含水率/%	$\gamma/(\text{N/m}^3)$	c/kPa	$\varphi/(°)$	E_s/MPa
原状土	26.7	1940	31.80	20.58	12.20

土样	含水率/%	$\gamma/(\mathrm{N/m^3})$	c/kPa	$\varphi/(°)$	E_s/MPa
模型土	20	1902	1.32	27.23	0.56
相似准数	—	0.98	24.1	0.76	21.8

根据以上围岩相似材料土工试验成果得到的各项物理力学参数,代入相似理论与模型试验原理确定的相似准数计算公式,最后得到模型试验中的相似准数如下:

$$\alpha_l = 24.25$$

$$\alpha_\gamma = 0.98$$

$$\frac{\alpha_E}{\alpha_l \alpha_\gamma} = \frac{21.8}{24.25 \times 0.98} = 0.92 \approx 1$$

$$\alpha_\sigma = \alpha_\gamma \alpha_l = 0.98 \times 24.25 = 23.77$$

从以上参数对比来看,围岩相似材料的选择非常好地满足了模型试验各个关键参数的相似准则。

3. 管幕结构相似材料

原型构成的管幕外径为 $D = 970\mathrm{mm}$,壁厚为 $T = 16\mathrm{mm}$,混凝土弹性模量为 $E = 25.50\mathrm{GPa}$,填充直径为 938mm。相邻两管幕间设置锁口连接,相邻两钢管中-中间距为横向 1133mm、竖向 1265mm。管幕的主要承载机理源于其抗弯性能,因而试验中以其抗弯刚度作为模型管幕选材的控制条件。

$K = EI$ 的相似准数同样可按照量纲分析的方法进行确定:

$$\alpha_K = \alpha_E \alpha_I = \alpha_E \alpha_l^4 \tag{3.26}$$

原型钢管的 $[EI]_p$,$[EI]_p = 0.005457 E_p$,若仍选择钢材料模拟,则按相似原理可以算得模型钢管的 $[EI]_m = [EI]_p / 24.25^5 = 6.5 \times 10^{-10} E_p$,因此需选择外径为 12mm、厚 2.7mm 的细钢管模拟管幕,这种方案下管幕间隙为 $35 \sim 40\mathrm{mm}$,远大于管幕模型的尺寸,这种情况下土体受力后较容易在管幕间隙滑动,管幕承载机理将发生根本性变化。因此,须选择低弹性模量材料来同时实现几何效应与抗弯刚度的相似。

查阅产品出厂资料可知,某硬聚 PVC 的弹性模量 $E_m = 3.53\mathrm{GPa}$,可选用外径 40mm、壁厚 2mm 的硬聚 PVC 管材模拟钢管,如图 3.13 所示。

由式

$$\frac{K_p}{K_m} = \frac{E_{p1} I_{p1} + E_{p2} I_{p2}}{E_{m1} I_{m1} + E_{m2} I_{m2}} = \alpha_E \alpha_l^4 \tag{3.27}$$

计算得模型填充材料的弹性模量为 $E_{m2} = 1.97\mathrm{GPa}$。

　　石膏是模型试验中用于模拟混凝土的常用材料。根据配比试验,调节水灰比1.05∶1可使其弹性模量达到 1.97GPa。因此,选择石膏作为模型填充材料,填充直径为38mm。灌注后模型如图 3.14 所示。

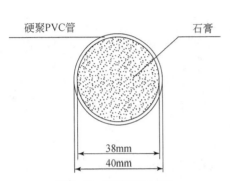

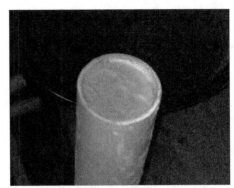

图 3.13　管幕模型参数　　　　　　　　图 3.14　灌注石膏后的模型

　　相邻管幕间不设置连接以近似模拟实际情况(由于锁口处抗弯刚度很小,综合考虑不计其影响,在填筑土体埋置管幕过程中要适当层层压密实,如此是按最不利情况考虑管幕作用的)。

4. 衬砌结构相似材料

　　从原型的隧道结构型式中可知,隧道结构主要由初期支护(初支)和二次衬砌(二衬)组成,而初期支护包括钢筋网、喷射混凝土、工字钢,可见隧道的结构组成是比较复杂的,在缩小了几何比尺的模型试验中很难做到完全相似或等价。隧道结构主要由初期支护和二次衬砌组成,其施作过程在管幕的保护下进行。由于机场跑道不停航的严格要求,必须从隧道开挖伊始就严格控制地表沉降。可见,承受全部土压荷载和飞机振动荷载并控制沉降主要是管幕和初期支护的作用,模筑衬砌的作用几乎可以忽略。因此在模型试验中只考虑初期支护的作用,通过一系列相似计算,选取合适的材料用作模型。

　　初支结构原型材料由 C20 喷射混凝土、I22A 型钢、ϕ6.5mm@150mm×150mm 钢筋网组成,弹性模量分别为 21GPa、210GPa、210GPa,初支结构横断面尺寸为 23.9m×9.2m。

　　在本次模型试验中选取的几何相似准数:$\alpha_l = 24.25$。

　　根据既有文献,拟采用水泥石膏砂浆模拟初支混凝土材料。单轴抗压强度和弹性模量的期望值均为原型材料的 1/24.25,配比试块的基本材料包括 2mm 细砂、水泥、石膏和水。根据经验公式采用三种配比进行测试,三种配比的水胶比均为 1.3∶1,砂胶比分别为 4∶1、5∶1、6∶1,对应每种砂胶配比中胶结材料水泥与石膏的比例取 3 : 7、4 : 6、5 : 5 三种。试验中采用 10cm×10cm×10cm 的正方形试模,进行单轴抗压强度试验,如图 3.15 所示,共 9 个试件;采用 10cm×10cm×30cm 的立方体试模进行弹性模量试验,如图 3.16 所示,共 9 个试件。

试验成果见表 3.9。

图 3.15　抗压强度试验

图 3.16　弹性模量试验

表 3.9　水泥石膏砂浆试验成果汇总

配比型号	砂灰比	水胶比	弹性模量/GPa	抗压强度/MPa
437	4 : 1	1.3 : 1	5.9	3.73
446	4 : 1	1.3 : 1	6.3	4.67
455	4 : 1	1.3 : 1	6.4	4.94
537	5 : 1	1.3 : 1	4.8	2.42
546	5 : 1	1.3 : 1	5.2	2.98
555	5 : 1	1.3 : 1	5.7	3.94
637	6 : 1	1.3 : 1	3.6	1.86
646	6 : 1	1.3 : 1	3.9	2.20
655	6 : 1	1.3 : 1	4.2	2.59

注:配比型号表示砂:水泥:石膏;例如,437 代表砂:水泥:石膏为 4:0.3:0.7(按质量)。

通过以上结果可知,按照 537 型配比,水泥石膏砂浆试块弹性模量约为 4.8GPa。根据等效抗弯准则得到

$$h_{\mathrm{m}} = \frac{h_{\mathrm{p}}}{n} \left[\frac{E_{\mathrm{p}}(1-\nu_{\mathrm{m}}^2)}{E_{\mathrm{m}}(1-\nu_{\mathrm{p}}^2)} \right]^{1/3} \tag{3.28}$$

$$h_{\mathrm{m}} = \frac{35}{24.25} \times \sqrt[3]{\frac{21}{4.8}} = 2.4\,(\mathrm{cm})$$

初期支护厚度 24mm,临时支护厚度 20mm,因此支护结构模型横断面尺寸取

作 996mm 护结构模型。具体尺寸参数如图 3.17 所示。

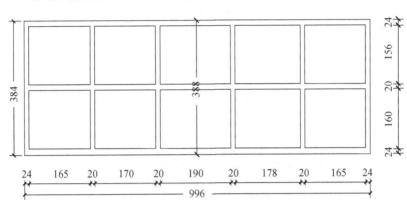

图 3.17　模型支护断面图(单位:mm)

I22A 型钢及 ϕ6.5mm 钢筋网同样按照等效抗弯准则,计算得到对应模型钢筋为 11 号铁丝(ϕ3mm)与 29 号铁丝(0.35mm 细铁丝网)。

隧道结构的模型试验相似材料选用与原型材料相同的混凝土材料组成,初期支护和二次衬砌的模型相似材料的选用见表 3.10。

表 3.10　隧道结构模型材料与原型材料的比较

衬砌类型	初期支护		
原型材料	ϕ6.5mm 钢筋网 @15cm×15cm	C20 喷射混凝土 厚度 35cm	I22A 工字钢 间距 75cm
模型材料	0.35mm 细铁丝网	537 水泥石膏砂浆厚度 2.4cm	ϕ3mm 钢丝间距 3cm

注:537 水泥石膏砂浆配比为细砂:水泥:石膏=5:0.3:0.7(按质量)。

5. 动荷载相似材料

地表动荷载主要由飞机的移动产生,由于现有的飞机机型较多,作用在跑道上的移动荷载也存在很大区别。飞机在跑道上的作用阶段主要有起飞、降落与滑行三种情况。飞机降落过程中,通过机轮将荷载以集中力的方式传递给跑道面;因为跑道面的刚度很大,所以机轮传递来的荷载又被跑道板以面荷载的方式传递到跑道板底面,作用在下部土体上,因而跑道面的相似模拟也显得至关重要。目前世界上最大机型为空中客车 A380 飞机,它的荷载在所有机型中对飞机跑道道面作用最大,该跑道上经常飞行的也是这种客机。为了全面考虑隧道洞室开挖受飞机荷载的影响,本次试验采用 A380 飞机荷载作为飞机的荷载原型进行研究,基本参数见表 2.1。

飞机起飞过程中,随着飞机滑行速度的增加,机翼产生的升力使机轮对道面的压力减小,跑道面所受到的动荷载小于飞机的最大滑行荷载。同样,飞机降落过程中机翼也受到空气的推力,机轮对地面的压力低于飞机的最大滑行荷载。因而试验中以最大滑行荷载为最不利荷载,重点考虑飞机滑行至隧道洞室上边缘、隧道洞室正上方以及驶离隧道洞室上边缘三种工况下动荷载对管幕内力的影响及对地表沉降、管幕沉降的影响。

跑道板厚度为 0.8m,采用水泥石膏砂浆硬化层进行模拟,其硬化层制作过程如图 3.18 所示。按照相似理论计算后其厚度约为 33mm。

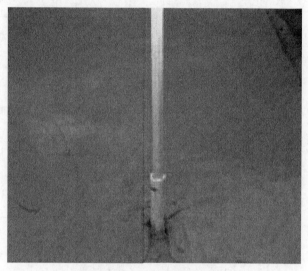

图 3.18　硬化层制作过程

机轮荷载以集中力形式施加在跑道上,按混凝土的冲切角 45°扩散到跑道板底面。又由于各机轮集中荷载在道板底面的扩散区相互邻近,且道板结构是一整体,故把每个起落架紧邻的机轮当成一个整体考虑。这样,在制作飞机的模型时只需要设定 5 个机轮,并重点考虑重力荷载的相似。根据集中力的相似准则,有

$$\alpha_F = \alpha_\sigma \alpha_l^2 \tag{3.29}$$

$$\alpha_\sigma = \alpha_\gamma \alpha_l \tag{3.30}$$

$$\alpha_F = \alpha_\gamma \alpha_l^3 \tag{3.31}$$

计算得飞机模型重 41.5kg,模型设计图如图 3.19 所示,制作完成后的飞机模型自重 4.6kg,通过砝码加重 36.9kg 后可实现相似模型要求的最不利条件下最大滑行荷载 406.7kN,如图 3.20 所示。

6. 施工过程模拟

管幕的顶进过程引起的沉降主要由现场施工精度及顶进设备造成,试验中暂

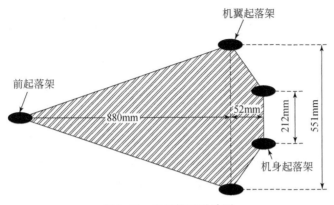

图 3.19　飞机模型设计图

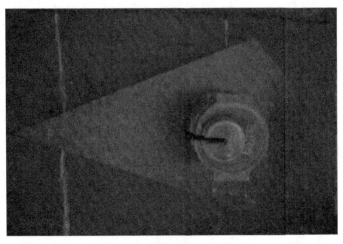

图 3.20　制作后的飞机模型

不考虑,重点研究管幕完成后浅埋暗挖阶段管幕的棚架作用以及开挖引起的位移。
施工过程需预先填土并预埋管幕,开挖步骤完全按照设计施工步序,如图 3.21~
图 3.24 所示。

7. 试验量测项目

　　试验利用百分表量测地表沉降位移和管幕沉降,利用应变片量测管幕受弯后
的内力变化,进而研究开挖过程对地表沉降以及管幕变形与内力的影响。另外,针
对在不同位置作用的移动飞机荷载,进行定点监测,研究飞机荷载对沉降及内力的
影响。

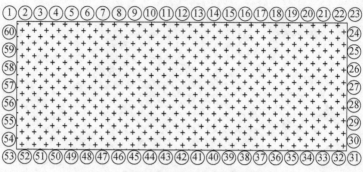

图 3.21　开挖前预埋管幕,并灌注石膏

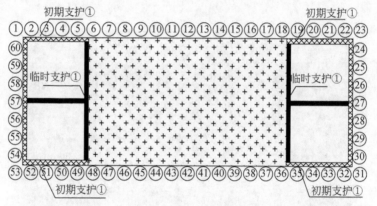

图 3.22　开挖南 1、南 2、北 1、北 2 后,施作初期支护①、临时支护①

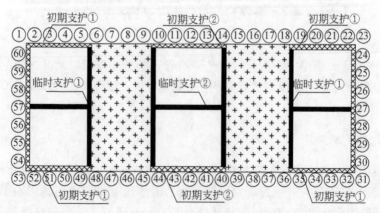

图 3.23　开挖南 1、南 2、北 1、北 2、中 3、中 4 后,施作初期支护②、临时支护②

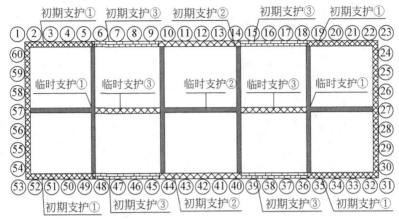

图 3.24　所有导洞开挖完成后,施作初期支护③、临时支护③

1)地表沉降及管幕沉降量测

地表沉降测点布置在模型土体上部硬化层上表面,共 7 个测点(DB1～DB7),两两间隔 20cm,如图 3.25 所示。测点通过传递杆与上部百分表连接,百分表通过磁力表座固定在顶部平板上。

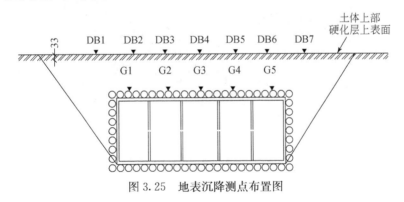

图 3.25　地表沉降测点布置图

管幕沉降测点布置在管幕纵向的中点,共 5 个测点(G1～G5),两两间距 20cm。测点处预埋 15mm 直径的塑料管,用于保护位移传递杆防止其倾斜滑移。管幕上方测点再通过传递杆与上部百分表连接,如图 3.26 所示,百分表通过固定支座固定在顶部平板上,如图 3.27 所示。

2)管幕内力量测

管幕的内力需通过应变片进行量测,应变片的测点布设位置如图 3.28～图 3.30 所示,对应每一个测点在管幕内外侧粘贴两个应变片。

管幕结构所受轴力为 $F_{轴}$,应变片的监测值为 ε_1 和 ε_2,管幕所受纵向弯矩为 M,管幕直径为 D。根据公式求得 $F_{轴}$ 和 M,计算简图如图 3.31 所示。

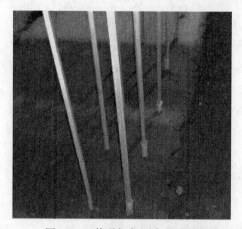

图 3.26　传递杆与测点的连接

图 3.27　百分表与传递杆的连接固定

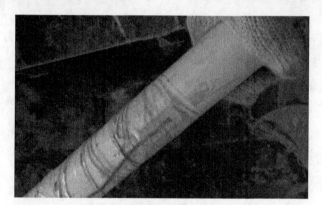

图 3.28　应变片粘贴位置图示

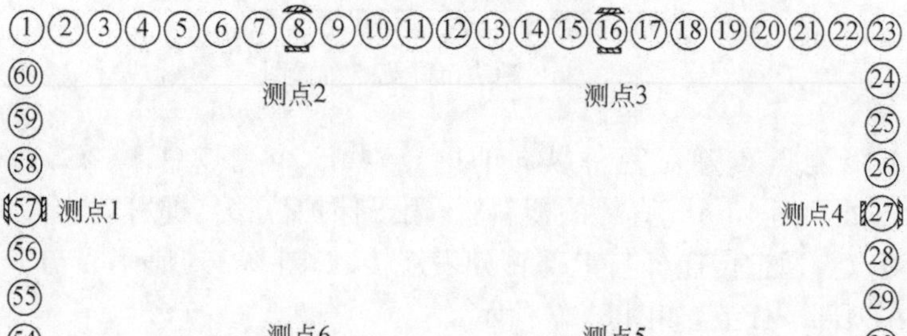

①②③④⑤⑥⑦⑧⑨⑩⑪⑫⑬⑭⑮⑯⑰⑱⑲⑳㉑㉒㉓

⑥⓪　　　　　　　　测点2　　　　　　测点3　　　　　　㉔

⑤⑨　　　　　　　　　　　　　　　　　　　　　　　　㉕

⑤⑧　　　　　　　　　　　　　　　　　　　　　　　　㉖

⑤⑦测点1　　　　　　　　　　　　　　　　　测点4㉗

⑤⑥　　　　　　　　　　　　　　　　　　　　　　　　㉘

⑤⑤　　　　　　　　　　　　　　　　　　　　　　　　㉙

⑤④　　　　　　　　测点6　　　　　　测点5　　　　　　㉚

㉝㊼㊶㊿㊾㊽㊼㊻㊺㊹㊸㊷㊶㊵㊴㊳㊲㊱㉚㉛

图 3.29　"口"字形管幕方案应变片测点布置

图 3.30　"门"字形管幕方案应变片测点布置

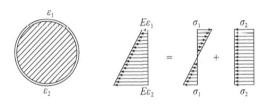

图 3.31　应变片布测正面视图以及测试应力的分解

截面应力可进行分解为纯弯应力与轴向应力的叠加：

$$E\varepsilon_1 = \sigma_2 - \sigma_1 \tag{3.32}$$

$$E\varepsilon_2 = \sigma_1 + \sigma_2 \tag{3.33}$$

联立方程解得

$$\sigma_1 = \frac{E(\varepsilon_2 - \varepsilon_1)}{2} = \frac{MD}{2I} \tag{3.34}$$

$$\sigma_2 = \frac{E(\varepsilon_2 + \varepsilon_1)}{2} = \frac{4F_{\text{轴}}}{\pi D^2} \tag{3.35}$$

由式(3.34)和式(3.35)可以得出管幕所受弯矩和轴力的计算公式为

$$M = \frac{E(\varepsilon_2 - \varepsilon_1)\pi D^3}{64} \tag{3.36}$$

$$F_{\text{轴}} = \frac{E(\varepsilon_1 + \varepsilon_2)\pi D^2}{8} \tag{3.37}$$

8. 模型试验项目

　　为了研究在不同管幕布置形式、不同管幕规格、不同开挖方法、有无动荷载影响下的地表沉降大小和分布规律，以及飞机动荷载作用下隧道开挖过程管幕受力及位移特性规律，需要进行三维模型试验研究，模型试验将分别模拟不同管幕布置形式的方案对比、不同管幕尺寸的方案对比、不同开挖方法的方案对比以及有无飞机动荷载影响的对比,并对试验数据和结果进行分析总结,确定最优管幕规格参数及布置形式,研究飞机动荷载对开挖过程的影响。因此,将进行五种试验过程,如图 3.32～图 3.36 所示。

(1)"口"字形管幕分布,管幕 60 根,开挖过程同设计方案。

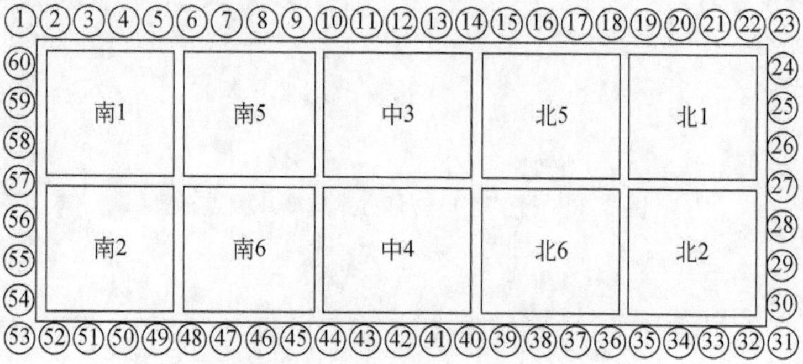

图 3.32 "口"字形管幕方案试验

(2)"门"字形管幕分布,管幕 37 根,即去除底部 23 根,开挖过程同设计方案。

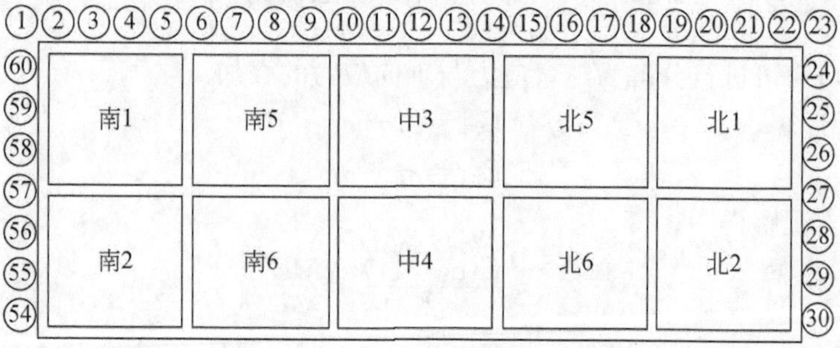

图 3.33 "门"字形管幕方案试验

(3)小直径"口"字形管幕分布,管幕 94 根,开挖过程同设计方案。

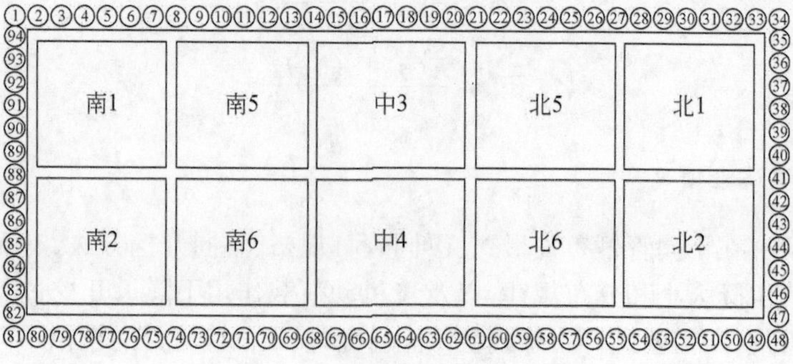

图 3.34 小直径"口"字形管幕试验

（4）不同开挖方法的"口"字形管幕分布，管幕 60 根，开挖过程不同于设计方案（先中 3 中 4，再南 1 北 1、南 2 北 2，最后开挖南 5 北 5、南 6 北 6）。

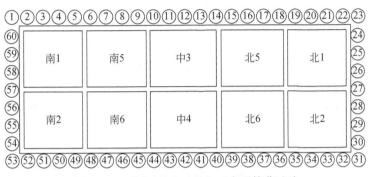

图 3.35　不同开挖方法的"口"字形管幕试验

（5）无飞机荷载的"口"字形管幕分布，管幕 60 根，开挖过程同设计方案，与试验（1）的区别是没有施加飞机模型荷载。

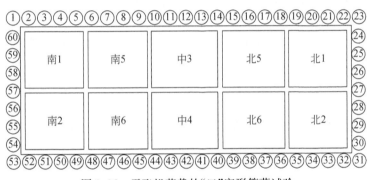

图 3.36　无飞机荷载的"口"字形管幕试验

3.3　不同管幕布置形式模型试验对比分析

3.3.1　"口"字形管幕模型试验

1. 模型试验施工过程

1）填土高度及管幕预埋位置

（1）筛细黏土。施工现场运来的黏土颗粒较大，因此将块状黏土碾压筛细以便更好地和细砂、铁粉混合均匀。

（2）根据 3.2.3 节配比试验得到的土体材料推荐配比，将筛细的黏土、细砂、铁粉、木屑及水按比例混合均匀。

（3）填筑土体并预埋管幕。模型填筑过程中，下层土不断地被压实，填筑完成后下层土的容重会大于上层土。因此，借鉴前面试验结果所得到的压实曲线进行模型土体的填筑，尽量确保隧道通过的地层容重整体一致。

以模型台架底部边界为基准标高，垂直向上为正方向，具体填筑步骤如下：

①填筑 0～0.5m 高度范围内的土体。该范围内没有任何埋件施工，相对简单，土体填筑时分两次填筑，每次约填筑 1.28t，虚方填高约 30cm，夯实到 25cm。填筑完成后在开挖面竖向固定聚丙烯（polypropylene，PP）板，防止后续填筑中土体滑出台架。

②预埋底层管幕，管幕圆心标高为 0.48m，相邻管幕水平间距 0.7mm。

③填筑 0.5～0.934m 高度范围内土体。该范围是暗挖施工的区域，应变片及管幕沉降测点埋设都集中在这一层，因此控制要求比较高，是模型制作的关键层，这一层土体的填筑过程中大致按照 15cm 一层进行，分三次进行填筑，每次填筑 0.77t。

④填筑过程中在指定位置预埋左右两侧的管幕，竖向间距 12mm；填筑结束后预埋顶层管幕，圆心标高 0.914m，相邻管幕水平间距 0.7mm。

⑤填筑 0.934～1.127m 高度范围内土体，分两次填筑夯实，填筑过程中在指定管幕测点处沿竖向预埋 15mm 直径塑料管用于配合连接杆量测管幕沉降值。

（4）填筑完成后，静置 10 天，使土体固结。

（5）固结完成后，采用水泥石膏砂浆制作模型顶部硬化层，厚度 33mm，注意找平。

（6）在既定测点布置相应的传递杆，并连接百分表，搭建顶部平台，固定百分表。

（7）去除预加的 PP 板，继续静置 10 天，每天牵引飞机模型在硬化层上滑行，使土体变形完全，排除土体开挖过程中土体沿垂直开挖面无侧限方向的变形。

土体固结期间使用百分表监测土体位移。测试表明，一般 6～8 天后模型内部土体位移基本稳定，不再有明显的变化，因此 10 天后开始试验，模型土体的状态是稳定的。为防止水分蒸发影响模型土体性质，整个试验期间，每 3 天在模型表面喷水一次。

模型预想位置距离底部边界 500mm，距离左右边界 802mm，上部覆土厚度 5800/24.25＝239(mm)。填土过程参考图 3.37。

根据上述试验流程，图 3.38 列出了模型制作的大致过程。

2）施工开挖及量测过程

开挖过程中对应每个导洞以 20cm 作为一个开挖进尺，上下导洞错开两个进尺，共分 7 个工序完成，整个试验共 21 个工序，每个工序结束都读取一次监测数据。试验开挖工序流水图如图 3.39 所示。

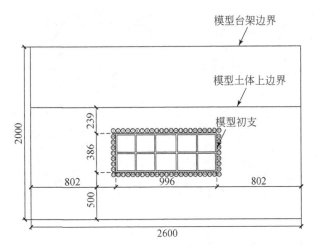

图 3.37　模型中填土及预埋管幕示意图(单位:mm)

(a) 碾压筛选黏土

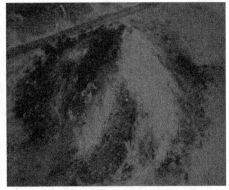

(b) 配比土体，掺合均匀

(c) 吊装填土

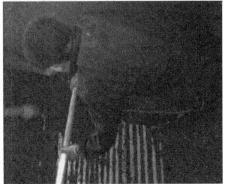

(d) 管幕埋设

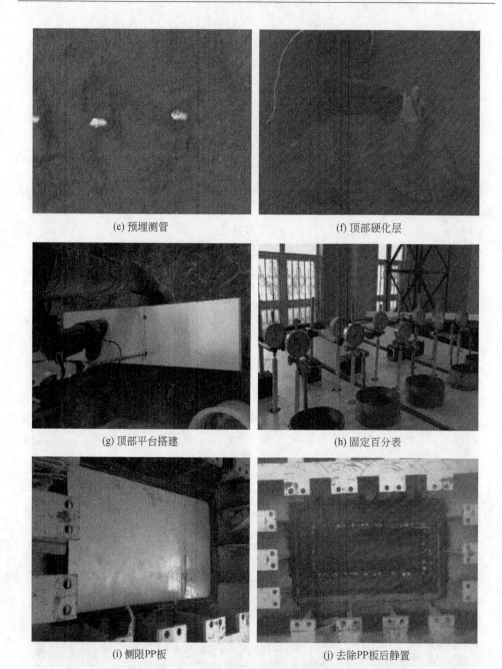

(e) 预埋测管　　　　　　　　　　　(f) 顶部硬化层

(g) 顶部平台搭建　　　　　　　　　　(h) 固定百分表

(i) 侧限PP板　　　　　　　　　　(j) 去除PP板后静置

图 3.38　模型试验装填过程

	流水作业工序																				
	1	2	3	4	5	6	7	8	9	10	11	12	13	14	15	16	17	18	19	20	21
南1、北1																					
南2、北2																					
中3																					
中4																					
南5、北5																					
南6、北6																					

图 3.39　试验开挖工序流水图

"口"字形布置管幕开挖支护过程如图 3.40～图 3.45 所示。

图 3.40　开挖前预埋管幕,并灌注石膏,静置使垂直掌子面方向变形完全

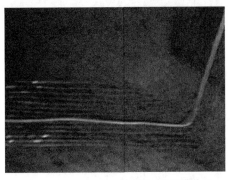

图 3.41　开挖后在初支位置配筋

2. 试验数据分析

根据不同导洞的开挖过程,将开挖过程中的 21 个工序分为三阶段,第一阶段为工序 1～7,其沉降累计值见表 3.11,即南 1、南 2 与北 1、北 2 导洞的开挖支护过程;第二阶段为工序 8～14,其沉降累计值见表 3.12,即中 3、中 4 导洞的开挖支护过程;第三阶段为工序 15～21,其沉降累计值见表 3.13,即南 5、南 6 与北 5、北 6 导洞的开挖支护过程。

图 3.42　初期支护制作过程

图 3.43　开挖支护南 1、南 2、北 1、北 2 完成

图 3.44　开挖支护中 3、中 4 完成

1)地表沉降分析

　　沉降伴随开挖工序变化过程如表 3.11～表 3.13 所示,黑色加重的数字代表当前测点下方导洞处于开挖状态。

图 3.45　所有导洞开挖支护完成

表 3.11　工序 1~7 沉降累计值　　　　　　　　　（单位：mm）

测点	开挖南 1、北 1、南 2、北 2 引起的沉降累计值						
	前期沉降		通过沉降			后期沉降	
	1	2	3	4	5	6	7
DB1	0.01	0.05	0.09	0.12	0.14	0.16	0.17
DB2	**0.03**	**0.11**	**0.20**	**0.26**	**0.28**	**0.29**	**0.30**
DB3	0.01	0.05	0.09	0.12	0.13	0.14	0.16
DB4	0.01	0.03	0.06	0.08	0.09	0.10	0.11
DB5	0.00	0.05	0.11	0.15	0.17	0.17	0.18
DB6	**0.02**	**0.08**	**0.19**	**0.23**	**0.25**	**0.26**	**0.27**
DB7	0.01	0.06	0.12	0.17	0.18	0.19	0.20

表 3.12　工序 8~14 沉降累计值　　　　　　　　　（单位：mm）

测点	开挖中 3、中 4 引起的沉降累计值						
	前期沉降		通过沉降			后期沉降	
	8	9	10	11	12	13	14
DB1	0.18	0.19	0.21	0.23	0.24	0.24	0.24
DB2	0.31	0.34	0.36	0.39	0.41	0.42	0.42
DB3	0.18	0.24	0.31	0.35	0.37	0.38	0.38
DB4	**0.14**	**0.22**	**0.33**	**0.40**	**0.42**	**0.43**	**0.44**
DB5	0.19	0.24	0.30	0.33	0.36	0.38	0.39
DB6	0.28	0.30	0.32	0.33	0.35	0.35	0.36
DB7	0.20	0.21	0.23	0.24	0.25	0.26	0.26

表 3.13　　工序 15～21 沉降累计值　　　　　（单位:mm）

测点	开挖南 5、南 6、北 5、北 6 引起的沉降累计值						
	前期沉降		通过沉降			后期沉降	
	15	16	17	18	19	20	21
DB1	0.25	0.25	0.26	0.28	0.30	0.31	0.31
DB2	0.42	0.43	0.45	0.47	0.48	0.49	0.49
DB3	0.38	0.41	0.45	0.47	0.49	0.51	0.52
DB4	0.45	0.48	0.52	0.55	0.57	0.58	0.59
DB5	0.40	0.42	0.48	0.51	0.53	0.54	0.54
DB6	0.36	0.38	0.42	0.44	0.46	0.47	0.47
DB7	0.27	0.29	0.31	0.32	0.33	0.33	0.34

　　工序 1～7 阶段主要是南 1、北 1、南 2、北 2 的开挖。

　　由图 3.46 可知,7 个测点的前期沉降与通过沉降较为明显,开挖通过断面后由于上部导洞已经施作支护,地表沉降并没有太大变化,因此后期沉降值在该阶段仅占 4%～20%。根据图 3.47 可知,沉降过程中 DB2、DB6 测点沉降增幅最大;由于仅开挖了两侧的导洞,地表沉降的最大值主要出现在南 1 及北 1 导洞的上方地面。

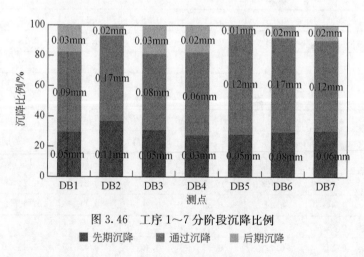

图 3.46　工序 1～7 分阶段沉降比例
■ 先期沉降　　■ 通过沉降　　■ 后期沉降

　　工序 8～14 阶段主要是中 3、中 4 导洞的开挖。

　　由图 3.48 可知,该过程中前期沉降与通过沉降在整体沉降值中占更大的比例,开挖通过断面后由于上部导洞已经施作支护,地表沉降并没有太大变化,后期沉降值在该阶段占 15% 以下,DB1 测点后期沉降甚至为 0。根据图 3.49 可知,由

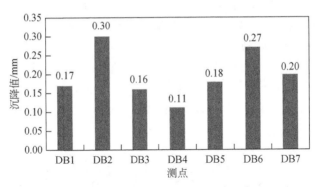

图 3.47 工序 1～7 各测点累计沉降

于中央导洞的开挖,地表沉降的最大值转移到了隧道中心线上方,累计最大沉降值达到 0.44mm。

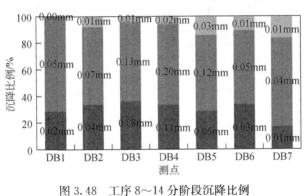

图 3.48 工序 8～14 分阶段沉降比例

■ 先期沉降 ■ 通过沉降 ■ 后期沉降

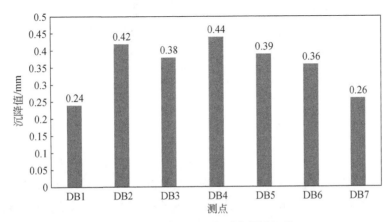

图 3.49 工序 8～14 各测点累计沉降

　　工序 15～21 阶段主要是南 5、南 6、北 5、北 6 导洞的开挖。

　　由图 3.50 可知,该过程中后期沉降期间的试验时间比较长,土体的固结较为充分,因此后期沉降虽然数值较小但占整体沉降值较大的比例。根据图 3.51 可知,南 5、南 6、北 5、北 6 导洞开挖通过监测断面期间,地表各测点增幅并不大,且各测点沉降增量较为均匀,累计最大沉降值达到了 0.59mm。原因可能是前两阶段初期支护完成后已经达到一定的强度,对导洞上部的土体起到一定的限制作用使上方土体整体变得稳定。

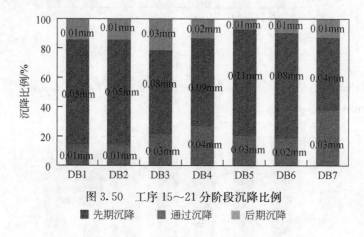

图 3.50　工序 15～21 分阶段沉降比例

■ 先期沉降　　■ 通过沉降　　■ 后期沉降

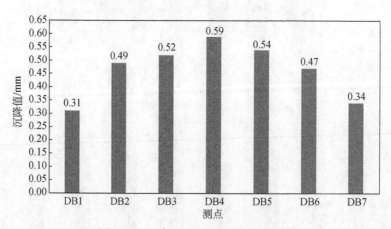

图 3.51　工序 15～21 各测点累计沉降

　　由图 3.52 对比可知,第一阶段(工序 1～7)对 DB1、DB2、DB6、DB7 4 个测点的沉降贡献较大,该阶段引起的沉降占 4 个测点最终沉降的 54.8%～61.2%;第二阶段(工序 8～14)对 DB3、DB4、DB5 3 个测点的沉降贡献较大,该阶段引起的沉降占 3 个测点最终沉降的 38.9%～55.9%;第三阶段(工序 15～21)对各个测点的沉降贡献较小且较为均匀,该阶段引起的沉降占各测点最终沉降的 14.3%~25.9%。

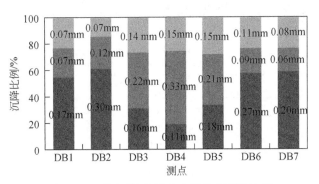

图 3.52　不同开挖阶段产生的地表沉降比例
■ 工序1~7　　■ 工序8~14　　■ 工序15~21

　　由图 3.53 可知,第一阶段(工序 1~7)中 DB2 与 DB6 的沉降增幅最大,在工序 3~5 之间尤为明显,即导洞下穿测点断面期间造成的沉降最显著,断面通过后沉降增幅减小,此时测点断面土体位移趋于稳定。第二阶段(工序 8~14)中由于中央导洞的开挖,DB4 的沉降值由最小增长到最大,增幅最为显著,掌子面通过监测断面后逐渐趋于稳定,由于距离中央导洞较近,南 5、南 6 与北 5、北 6 导洞的沉降增幅也比较大。第三阶段(工序 15~21)沉降曲线较为平缓,最终土体固结稳定,最大沉降出现在隧道中线测点 DB4,最大沉降值 0.59mm,按相似准则进行反算得实际沉降值为 14.3mm。距隧道开挖中线较远的测点 D1、D7 沉降过程基本不受隧道开挖工序的影响,其先期沉降、通过沉降及后期沉降受开挖工序影响不大,另外最终沉降值远小于其他测点,沉降值约占最大沉降值的 52.5%~57.6%。

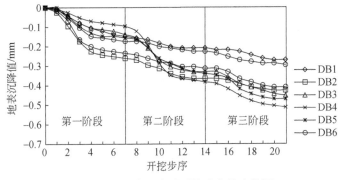

图 3.53　地表沉降随开挖步序的走势图

2)现场试验数据对比
动荷载作用下暗挖隧道现场试验共布置了 3 个断面,即 GK0+620.626、GK0

＋613.126、GK0＋605.626 断面 4～断面 6,每个断面 11 个测点,测点布置见 7.7 节。对地表沉降进行监测,并将先期沉降、开挖面沉降、通过沉降、后期沉降、累计沉降的监测数据记录在表 3.14～表 3.16。

表 3.14　GK0＋620.626 断面地表沉降统计　　　（单位:mm）

测点	先期沉降	开挖面沉降	通过沉降	后期沉降	累计沉降
D4-1	−1.45	−1.13	−0.81	−0.24	−3.82
D4-2	−1.84	−1.57	−1.87	−0.66	−5.94
D4-3	−2.48	−2.79	−1.79	−0.78	−7.84
D4-4	−2.33	−4.93	−2.34	−0.22	−9.82
D4-5	−3.77	−4.97	−1.56	−0.11	−10.41
D4-6	−3.32	−6.13	−1.83	−0.24	−11.52
D4-7	−2.71	−5.85	−2.45	−0.31	−11.32
D4-8	−2.35	−4.82	−1.86	−0.11	−9.14
D4-9	−2.47	−2.31	−1.76	−0.44	−6.98
D4-10	−1.54	−1.78	−1.67	−0.17	−5.16
D4-11	−0.76	−0.83	−0.76	−0.45	−2.80

注:表中负值表示地表沉降,正值表示为地表隆起。

表 3.15　GK0＋613.126 断面地表沉降统计　　　（单位:mm）

测点	先期沉降	开挖面沉降	通过沉降	后期沉降	累计沉降
D5-1	−1.42	−1.24	−0.75	−0.11	−3.52
D5-2	−1.73	−1.44	−1.33	−0.26	−4.76
D5-3	−2.45	−2.77	−2.05	−0.18	−7.45
D5-4	−3.54	−5.04	−1.27	−0.13	−9.98
D5-5	−3.61	−5.82	−1.26	−0.12	−10.81
D5-6	−3.47	−6.12	−2.24	−0.15	−11.98
D5-7	−3.64	−6.20	−1.4	−0.17	−11.45
D5-8	−3.43	−4.25	−1.86	−0.24	−9.78
D5-9	−2.32	−2.43	−2.09	−0.58	−7.42
D5-10	−1.65	−1.87	−0.87	−0.28	−4.67
D5-11	−1.22	−0.96	−0.76	−0.18	−3.12

注:表中负值表示地表沉降,正值表示为地表隆起。

表 3.16　GK0＋605.626 断面地表沉降统计　　　　（单位:mm）

测点	先期沉降	开挖面沉降	通过沉降	后期沉降	累计沉降
D6-1	−1.23	−1.10	−0.78	−0.12	−3.23
D6-2	−1.77	−1.45	−1.32	−0.32	−4.86
D6-3	−2.46	−2.67	−2.12	−0.28	−7.53
D6-4	−2.63	−4.35	−1.69	−0.19	−8.86
D6-5	−3.45	−4.78	−2.08	−0.45	−10.76
D6-6	−3.49	−5.96	−2.25	−0.16	−11.86
D6-7	−3.75	−5.42	−2.24	−0.12	−11.53
D6-8	−3.48	−4.21	−1.21	−0.16	−9.06
D6-9	−1.72	−2.72	−2.32	−0.13	−6.89
D6-10	−1.68	−1.43	−1.13	0.11	−4.35
D6-11	−1.02	−1.07	−0.54	−0.14	−2.77

注:表中负值表示地表沉降,正值表示为地表隆起。

绘制现场实测最终沉降曲线如图 3.54 所示。

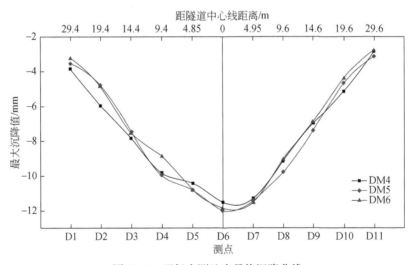

图 3.54　现场实测地表最终沉降曲线

根据模型试验沉降数据绘制沉降槽,如图 3.55 所示。由图可知,最终沉降曲线基本符合中间大两边小的沉降规律,最大沉降值反算后为 14.3mm,略高于现场实测值 11.98mm。距隧道中心线最远测点 DB1、DB7 约占最大沉降值的 55%。对应现场实测点为 D3、D9,沉降值约占现场最大沉降值的 59.3%,沉降规律基本一致,因而模型试验较好地实现了不停航下穿机场跑道连接通道的模拟过程。

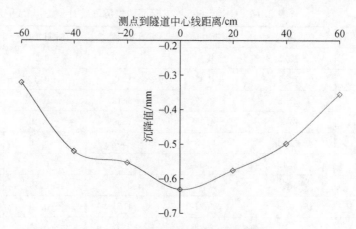

图 3.55　模型试验地表沉降槽曲线

3)管幕沉降分析

沉降伴随开挖工序变化过程如下,各阶段管幕沉降累计值见表 3.17~表 3.19。

表 3.17　工序 1~7 管幕沉降累计值　　　　　　　　　　（单位:mm）

测点	开挖南 1、北 1、南 2、北 2 引起的沉降累计值						
	先期沉降		通过沉降			后期沉降	
	1	2	3	4	5	6	7
G1	−0.01	−0.04	−0.07	−0.11	−0.14	−0.17	−0.17
G2	−0.01	−0.02	−0.07	−0.09	−0.12	−0.14	−0.15
G3	−0.01	−0.02	−0.06	−0.09	−0.11	−0.13	−0.14
G4	−0.01	−0.02	−0.07	−0.10	−0.13	−0.14	−0.16
G5	−0.02	−0.03	−0.08	−0.13	−0.15	−0.18	−0.19

表 3.18　工序 8~14 管幕沉降累计值　　　　　　　　　　（单位:mm）

测点	开挖中 3、中 4 引起的沉降累计值						
	先期沉降		通过沉降			后期沉降	
	8	9	10	11	12	13	14
G1	−0.18	−0.19	−0.21	−0.21	−0.21	−0.22	−0.22
G2	−0.17	−0.20	−0.23	−0.26	−0.29	−0.31	−0.32
G3	−0.15	−0.19	−0.26	−0.30	−0.36	−0.39	−0.40
G4	−0.18	−0.21	−0.26	−0.28	−0.30	−0.32	−0.33
G5	−0.19	−0.20	−0.21	−0.22	−0.23	−0.23	−0.23

表 3.19　工序 15～21 管幕沉降累计值　　　　　（单位：mm）

| 测点 | 开挖南5、南6、北5、北6引起的沉降累计值 | | | | | | |
| | 先期沉降 | | 通过沉降 | | | 后期沉降 | |
	15	16	17	18	19	20	21
G1	−0.23	−0.25	−0.27	−0.28	−0.29	−0.30	−0.30
G2	−0.33	−0.35	−0.38	−0.41	−0.45	−0.45	−0.46
G3	−0.41	−0.43	−0.46	−0.47	−0.48	−0.48	−0.49
G4	−0.34	−0.35	−0.39	−0.42	−0.43	−0.44	−0.44
G5	−0.25	−0.26	−0.28	−0.30	−0.32	−0.32	−0.32

由图 3.56 可以看出，第一阶段（工序 1～7）由于南北导洞的开挖，G1 与 G5 的沉降增幅稍大。第二阶段（工序 8～14）中由于中央导洞的开挖，G3 的沉降值由最小增长到最大，增幅最为显著，掌子面通过监测断面后沉降渐趋于稳定，由于距离中央导洞较近，南 5、南 6 与北 5、北 6 导洞的沉降增幅也比较大。第三阶段（工序 15～21）沉降曲线较为平缓，最终土体固结稳定，最大沉降出现在隧道中线测点 G3，距离隧道中心线 60cm 的最远测点沉降值占最大沉降值的 61.2%～65.3%，最大沉降值 0.49mm，按照相似准则反算后沉降值为 11.88mm。

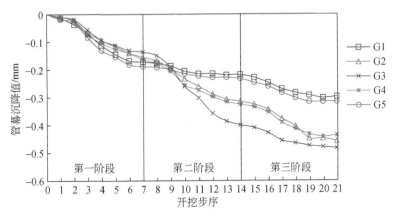

图 3.56　管幕累计位移随开挖步序走势图

由图 3.57 可以看出，最终沉降曲线基本符合中间大两边小的沉降规律，最大沉降值同样出现在 3 号导洞的上方测点 G3，距隧道中心线最远测点 G1、G5 约占最大管幕沉降值的 61%。管幕最大沉降值约占地表最大沉降的 80%。

4）管幕内力分析

管幕的应变片测点布置如图 3.29 所示，每个测点在管幕两侧布置两个应变片。

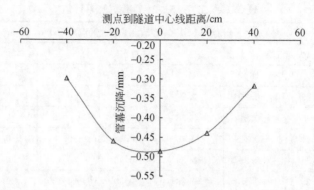

图 3.57　管幕沉降槽曲线

管幕轴力的测试数据见表 3.20～表 3.22。

表 3.20　开挖南 1、北 1、南 2、北 2 引起的轴力累计值　　（单位：N）

测点	开挖南 1、北 1、南 2、北 2 引起的轴力累计值						
	先期轴力		通过轴力			后期轴力	
	1	2	3	4	5	6	7
1	28.40	184.60	208.74	519.72	759.70	789.52	951.40
2	383.40	570.84	852.00	944.30	1055.06	1086.30	1377.40
3	82.36	325.18	721.36	734.14	834.96	859.10	931.52
4	178.92	514.04	516.88	1418.58	1539.28	1553.48	1579.04
5	154.78	291.10	305.30	310.98	566.58	627.64	755.44
6	46.86	407.54	384.82	254.18	702.90	705.74	779.58

表 3.21　开挖中 3、中 4 引起的轴力累计值　　（单位：N）

测点	开挖中 3、中 4 引起的轴力累计值						
	先期轴力		通过轴力			后期轴力	
	8	9	10	11	12	13	14
1	1189.96	1147.36	1698.32	1664.24	1762.22	2237.93	2182.54
2	1543.54	1380.24	2144.20	1641.52	1762.22	1871.56	1861.62
3	1066.42	1113.28	2105.86	1821.86	1854.52	1800.56	1857.36
4	1617.38	1674.18	2286.21	2398.39	2412.59	2764.75	2881.19
5	837.80	913.06	2465.13	1099.08	1577.62	1513.72	1997.94
6	886.08	842.06	1072.10	938.62	1171.50	1631.58	2144.20

表 3.22　开挖南 5、南 6、北 5、北 6 引起的轴力累计值　　　（单位：N）

测点	开挖南 5、南 6、北 5、北 6 引起的轴力累计值						
	先期轴力		通过轴力			后期轴力	
	15	16	17	18	19	20	21
1	2273.43	2166.92	2266.33	2401.23	2411.17	2440.99	2440.99
2	2067.52	1965.28	3097.03	3338.43	3341.27	3166.61	3166.61
3	2121.48	2369.99	3179.39	3452.03	3515.93	3337.01	3337.01
4	3143.89	2991.95	2715.05	2845.69	2882.61	2859.89	2859.89
5	2290.47	2385.61	2810.19	2831.49	2844.27	2865.57	2865.57
6	2468.96	2556.72	3181.52	3583.38	3450.47	3583.95	3583.95

由图 3.58 可以看出，6 个测点的轴力变化过程基本一致，呈整体上升趋势，在工序 3 和 4、10 和 11、17 和 18 区间出现了轴力的突变，主要由于该阶段内是导洞经过监测断面的主要工序，周边土体处于不稳定状态，因而管幕受力也较为波动，但整体呈现增长趋势。第一阶段和第二阶段的开挖过程中右侧测点 4 的轴力值一直比较大，说明模型隧道可能存在一定的偏压，进入第三阶段后有所减小，此时拱顶测点 3 轴力较大，最终稳定在 3814N。左侧测点 1 轴力较小，最终稳定在 2441N。

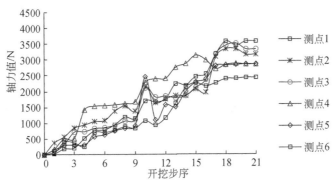

图 3.58　管幕轴力值随开挖步序走势图

管幕弯矩的测试数据见表 3.23～表 3.25。

表 3.23　开挖南 1、北 1、南 2、北 2 引起的弯矩累计值　　（单位：N·m）

测点	开挖南 1、北 1、南 2、北 2 引起的弯矩累计值						
	先期弯矩		通过弯矩			后期弯矩	
	1	2	3	4	5	6	7
1	−0.18	−0.01	−0.15	−0.10	0.46	0.45	−0.37

测点	开挖南1、北1、南2、北2引起的弯矩累计值						
	先期弯矩		通过弯矩			后期弯矩	
	1	2	3	4	5	6	7
2	0.61	0.97	2.31	2.76	1.80	1.85	2.57
3	0.27	0.76	1.69	1.92	1.55	1.55	1.70
4	0.71	1.97	2.04	5.70	5.13	5.10	4.97
5	−0.02	0.04	0.04	0.15	−0.04	−0.11	0.21
6	0.18	1.37	1.19	0.67	2.24	2.01	2.00

表 3.24　开挖中 3、中 4 引起的弯矩累计值　　（单位：N·m）

测点	开挖中3、中4引起的弯矩累计值						
	先期弯矩		通过弯矩			后期弯矩	
	8	9	10	11	12	13	14
1	0.64	0.13	1.51	−0.17	−0.28	0.09	0.97
2	3.34	2.04	4.25	3.05	3.27	2.80	3.20
3	2.12	2.03	4.14	3.43	3.27	4.33	4.43
4	4.95	5.16	6.04	6.26	5.74	3.57	4.32
5	0.01	−0.11	−0.98	0.94	1.04	1.35	0.35
6	1.63	0.73	1.73	1.67	2.18	4.25	3.29

表 3.25　开挖南 5、南 6、北 5、北 6 引起的弯矩累计值　（单位：N·m）

测点	开挖南5、南6、北5、北6引起的弯矩累计值						
	先期弯矩		通过弯矩			后期弯矩	
	15	16	17	18	19	20	21
1	1.71	1.90	1.31	1.19	1.14	1.90	1.90
2	2.75	3.72	6.65	6.89	6.81	6.89	6.89
3	4.57	4.20	8.54	9.45	9.70	9.60	9.60
4	3.21	4.44	9.29	9.23	9.33	9.50	9.50
5	1.60	1.09	2.36	1.53	1.54	1.73	1.73
6	2.76	1.82	4.09	4.64	3.98	4.84	4.84

　　由图 3.59 可以看出,6 个测点的弯矩变化过程有些不规则,但整体呈现上升趋势,在工序 3 和 4、10 和 11、17~19 区间出现了轴力突变,主要由于该阶段内是导洞经过监测断面的主要工序,周边土体处于不稳定状态,因此管幕受力也较为波动,但整体呈现增长趋势。第一阶段和第二阶段的开挖过程中右侧测点 4 的弯矩

一直比较大,进入第三阶段后测点 3 的弯矩也迅速增大,最终两处测点的弯矩值都稳定在 9.5N·m 左右,模型试验的开挖过程中存在一定的偏压。底部测点 5 多次出现过负弯矩,说明开挖过程中北 2 导洞下方的管幕受到来自结构的均布力大于底部土体,最终测点 5 弯矩值稳定在 1.73N·m 左右。

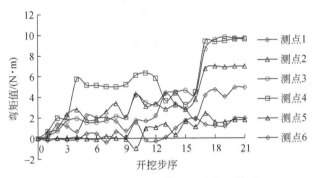

图 3.59　管幕弯矩值随开挖步序走势图

3.3.2　"门"字形管幕模型试验

相对于"口"字形管幕模型试验,"门"字形管幕模型试验区别仅在于取消了底部的 23 根管幕,"门"字形管幕模型试验的填土及开挖过程完全等同于"口"字形模型试验的过程。

1. 模型试验施工过程

"门"字形管幕模拟过程是在"口"字形管幕试验基础上进行了管幕布设方案的调整,在取消底部管幕工况下进行试验,材料配比、开挖步序及监测方案基本一致,试验过程如图 3.60～图 3.65 所示。

图 3.60　预埋管幕,并灌注石膏,静置使垂直掌子面方向变形完全

图 3.61 开挖南 1 后布设配筋

图 3.62 中 3、中 4 开挖支护结束

图 3.63 南 5、北 5 开挖支护结束

图 3.64 全部开挖支护结束

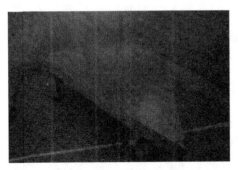

图 3.65　飞机荷载的移动

2. 试验数据对比

根据不同导洞的开挖过程,将开挖过程中的 21 个工序分为三阶段,第一阶段为工序 1~7,即南 1、南 2 与北 1、北 2 导洞的开挖支护过程;第二阶段为工序 8~14,即中 3、中 4 导洞的开挖支护过程;第三阶段为工序 15~21,即南 5、南 6 与北 5、北 6 导洞的开挖支护过程。分别针对三个开挖阶段内的开挖过程中测得的相应数据与"口"字形管幕试验进行分析对比。

1)地表沉降对比

地表沉降值随开挖步序的走势图如图 3.66 所示。

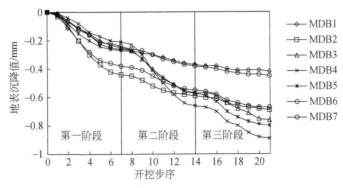

图 3.66　地表沉降值随开挖步序的走势图

根据图 3.67("门"字形管幕模拟中的测点 DB1~DB7 标记为 MDB1~MDB7)可知,与"口"字形管幕的沉降过程类似,第一阶段(工序 1~7)中 MDB2 与 MDB6 的沉降增幅最大,在工序 3~5 尤为明显,即导洞下穿测点断面期间造成的沉降最显著,断面通过后沉降增幅减小,此时测点断面土体位移趋于稳定。第二阶段(工序 8~14)中由于中央导洞的开挖,MDB3 的沉降值由最小增长到最大,增幅最为显著,掌子面通过监测断面后逐渐趋于稳定,由于距离中央导洞较近,南 5、南 6 与北5、北6导洞的沉降增幅也比较大。第三阶段(工序15～21)沉降曲线整体比较平缓,最终土体固结稳定,最大沉降出现在隧道中线测点MDB3,距离隧道中心线60cm的最远测点沉降值占最大沉降值的47.2%～50.6%,最大沉降值为0.89mm。

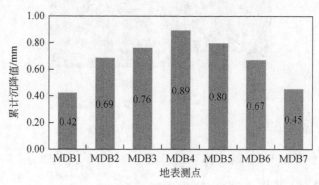

图3.67 各个测点的地表沉降累计值

根据不同导洞的开挖过程,将开挖过程中的21个工序分为三阶段,第一阶段为工序1～7,即南1、南2与北1、北2导洞的开挖支护过程;第二阶段为工序8～14,即中3、中4导洞的开挖支护过程;第三阶段为工序15～21,即南5、南6与北5、北6导洞的开挖支护过程。对沉降过程进行分析,见表3.26～表3.28。

表3.26 工序1～7地表沉降累计值 (单位:mm)

测点	开挖南1、北1、南2、北2引起的地表沉降累计值						
	先期沉降		通过沉降			后期沉降	
	1	2	3	4	5	6	7
MDB1	0.02	0.07	0.11	0.16	0.22	0.25	0.26
MDB2	0.03	0.11	0.20	0.30	0.37	0.42	0.44
MDB3	0.02	0.06	0.11	0.15	0.20	0.23	0.25
MDB4	0.01	0.04	0.08	0.14	0.17	0.20	0.21
MDB5	0.02	0.08	0.15	0.20	0.24	0.26	0.27
MDB6	0.03	0.10	0.20	0.28	0.34	0.36	0.38
MDB7	0.01	0.06	0.12	0.16	0.21	0.22	0.24

由图3.68可知,第一阶段主要是南1、南2及北1、北2导洞的开挖,沉降变化最为显著的是其上方的测点MDB2、MDB6、DB2、DB6,对四点的沉降过程曲线分析来看,有如下结论:

(1)两种管幕布置形式下测点沉降变化的趋势基本一致,土体的位移主要发生在掌子面经过监测断面期间的工序,如工序 3～5、工序 10～12、工序 17～19 的位移最为显著。

(2)第一阶段结束后"门"字形管幕试验的地表沉降大于"口"字形管幕试验,最大沉降值高出 40.7%～46.7%。

(3)两种曲线的初期沉降速率基本一致,累计沉降的差别主要开始于工序 4～6,由统计可知这些工序正是底部台阶经过监测断面的工序,即使在断面已经封闭的情况下沉降数值仍在增加,这说明是结构的整体在下沉,因此沉降差异的产生是由于"口"字形布置的管幕底部具有较强的刚度,起到了刚性地基梁的作用,能够有效抵抗上部土体扰动后对结构施加的荷载,限制结构整体下沉及底部土体的变形。

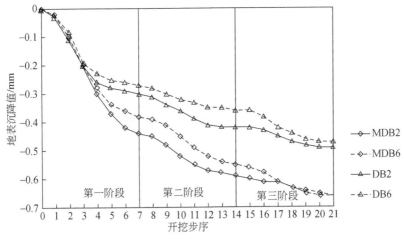

图 3.68　测点 2、6 地表沉降值随开挖步序走势对比

表 3.27　工序 8～14 地表沉降累计值　　　　　　　　(单位:mm)

测点	开挖中 3、中 4 引起的地表沉降累计值						
	先期沉降		通过沉降			后期沉降	
	8	9	10	11	12	13	14
MDB1	0.27	0.29	0.30	0.32	0.34	0.36	0.37
MDB2	0.45	0.48	0.52	0.55	0.57	0.58	0.59
MDB3	0.27	0.33	0.40	0.46	0.51	0.56	0.57
MDB4	0.23	0.30	0.41	0.50	0.58	0.64	0.66
MDB5	0.28	0.33	0.41	0.47	0.51	0.55	0.57
MDB6	0.39	0.41	0.45	0.49	0.52	0.54	0.55
MDB7	0.26	0.27	0.30	0.33	0.35	0.37	0.38

由图 3.69 可知,第二阶段主要是中 3 与中 4 导洞的开挖,沉降变化最为显著的是其上方的测点 MDB4、DB4,与前面 4 个测点的曲线类似,有如下结论:

(1)两种管幕布置形式下测点沉降变化的趋势基本一致,土体的位移很大部分产生在掌子面经过监测断面期间的工序,如工序 3~5、工序 10~12、工序 17~19 的位移最为显著。

(2)第二阶段结束后"门"字形管幕试验的地表沉降大于"口"字形管幕试验,最大沉降值高出 50%。

(3)第二阶段内两条曲线的初期沉降速率基本一致,累计沉降的增幅差别主要产生于工序 11~13,同样是底部台阶经过断面的工序,尽管断面已经封闭,沉降值仍在增长,由此说明"口"字形布置的管幕底部具有较强的刚度,起到了刚性地基梁的作用,能够有效抵抗上部土体扰动后对结构施加的荷载,限制结构整体下沉及底部土体的变形。

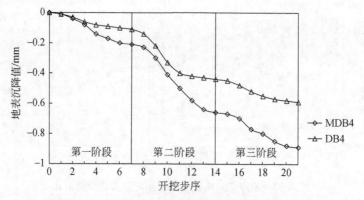

图 3.69　测点 3 地表沉降值随开挖步序走势对比

表 3.28　工序 15~21 地表沉降累计值　　　　　　（单位:mm）

| 测点 | 开挖南 5、南 6、北 5、北 6 引起的地表沉降累计值 | | | | | | |
| | 先期沉降 | | 通过沉降 | | | 后期沉降 | |
	15	16	17	18	19	20	21
MDB1	0.38	0.38	0.40	0.41	0.41	0.41	0.42
MDB2	0.60	0.61	0.64	0.66	0.67	0.68	0.69
MDB3	0.57	0.59	0.64	0.68	0.71	0.75	0.76
MDB4	0.67	0.70	0.77	0.80	0.85	0.88	0.89
MDB5	0.59	0.63	0.70	0.74	0.77	0.79	0.80
MDB6	0.56	0.58	0.62	0.64	0.66	0.67	0.67
MDB7	0.39	0.40	0.42	0.43	0.44	0.44	0.45

由图 3.70 可知,第三阶段主要是南 5、南 6 与北 5、北 6 导洞的开挖,沉降变化最为显著的是其上方的测点 MDB3、MDB5、DB3、DB5 对应的曲线,与前面测点的曲线类似,有如下结论:

(1)两种管幕布置形式下测点沉降变化的趋势基本一致,土体的位移很大一部分发生在掌子面经过监测断面期间的工序。

(2)由于下台阶经过断面的工序,第二阶段累计沉降增幅不一致,这进一步说明底部管幕的刚性地基作用,也验证了底部管幕的重要性。

(3)第三阶段结束后"门"字形管幕试验的地表沉降大于"口"字形管幕试验,两测点最大沉降值高出 46.2%~48.1%。

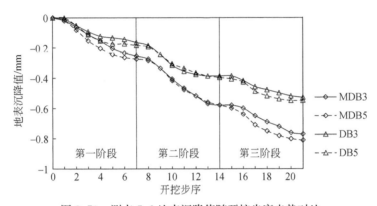

图 3.70 测点 5、6 地表沉降值随开挖步序走势对比

由图 3.71 对比可知,两种管幕形式下各阶段的沉降规律基本一致,第一阶段(工序 1~7)对测点 1、2、6、7 4 个测点的沉降贡献较大,该阶段引起的沉降占 4 个测点最终沉降的 54.8%~66.7%;第二阶段(工序 8~14)对 3、4、5 3 个测点的沉降贡献较大,该阶段引起的沉降占 3 个测点最终沉降的 38.9%~55.9%;第三阶段(工序 15~21)对各个测点的沉降贡献较小且较为均匀,该阶段引起的沉降值仅占总体沉降的 11.9%~25.9%。

由图 3.72 可知,最终沉降曲线基本符合中间大两边小的沉降规律,"口"字形管幕沉降曲线宽阔平缓,边缘测点 1、7 占最大沉降值的 52.5%~57.6%,"门"字形管幕沉降曲线略显狭长,边缘测点 1、7 占最大沉降值的 47.2%~50.6%。两种管幕布设方案下地表最大沉降值分别为 0.59mm("口"字形)和 0.89mm("门"字形),按照相似准则进行反算后沉降值为 14.3mm 和 21.58mm,"门"字形管幕地表的沉降值高出"口"字形管幕 50.8%。由此可见,"口"字形管幕帷幕效果更好,底部管幕一定程度上限制了初支结构的整体下沉,起到刚性地基的作用。

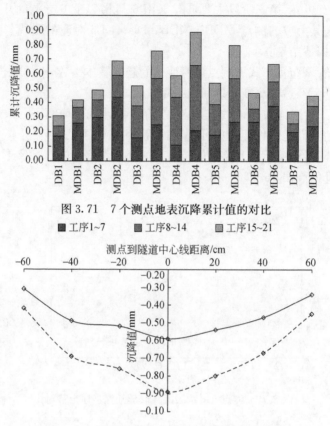

图 3.71　7 个测点地表沉降累计值的对比

■ 工序1~7　■ 工序8~14　□ 工序15~21

图 3.72　两种管幕形式下地表沉降槽曲线对比

2)管幕沉降对比

管幕沉降累计值测试数据如表 3.29~表 3.31 所示,不同测点管幕沉降值随开挖步序走势对比如图 3.73~图 3.75 所示。

表 3.29　工序 1~7 管幕沉降累计值　　　　　　(单位:mm)

测点	开挖南 1、北 1、南 2、北 2引起的沉降累计值						
	先期沉降		通过沉降			后期沉降	
	1	2	3	4	5	6	7
G1	−0.02	−0.05	−0.10	−0.16	−0.21	−0.24	−0.25
G2	−0.01	−0.03	−0.07	−0.11	−0.16	−0.21	−0.21
G3	−0.01	−0.03	−0.08	−0.14	−0.16	−0.19	−0.20
G4	−0.01	−0.03	−0.08	−0.12	−0.16	−0.19	−0.19
G5	−0.02	−0.04	−0.12	−0.19	−0.23	−0.26	−0.28

表 3.30　工序 8～14 管幕沉降累计值　　　　　（单位:mm）

测点	开挖中 3、中 4 引起的沉降累计值						
	先期沉降		通过沉降			后期沉降	
	8	9	10	11	12	13	14
G1	−0.26	−0.28	−0.32	−0.36	−0.38	−0.39	−0.39
G2	−0.22	−0.26	−0.34	−0.41	−0.45	−0.47	−0.48
G3	−0.22	−0.28	−0.38	−0.45	−0.53	−0.57	−0.59
G4	−0.21	−0.25	−0.33	−0.39	−0.43	−0.46	−0.47
G5	−0.28	−0.31	−0.35	−0.39	−0.42	−0.43	−0.43

表 3.31　工序 15～21 管幕沉降累计值　　　　　（单位:mm）

测点	开挖南 5、南 6、北 5、北 6 引起的沉降累计值						
	先期沉降		通过沉降			后期沉降	
	15	16	17	18	19	20	21
G1	−0.40	−0.41	−0.44	−0.46	−0.47	−0.49	−0.48
G2	−0.49	−0.51	−0.56	−0.60	−0.61	−0.62	−0.63
G3	−0.60	−0.63	−0.67	−0.69	−0.70	−0.71	−0.71
G4	−0.48	−0.52	−0.58	−0.61	−0.64	−0.65	−0.65
G5	−0.44	−0.45	−0.47	−0.50	−0.51	−0.52	−0.52

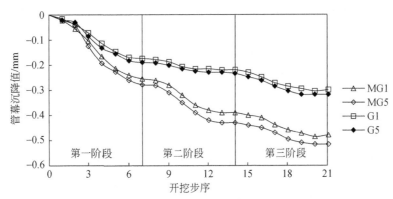

图 3.73　测点 G1、G5 和 MG1、MG5 管幕沉降值随开挖步序走势对比

　　第一阶段主要是南 1、南 2 及北 1、北 2 导洞的开挖,沉降变化最为显著的是其上方的测点 G1、G5、MG1、MG5,第二阶段主要是中 3 与中 4 导洞的开挖,沉降变

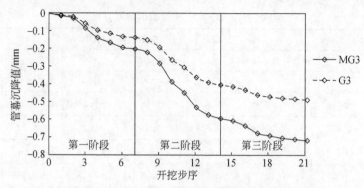

图 3.74　测点 MG3 和 G3 管幕沉降值随开挖步序走势对比

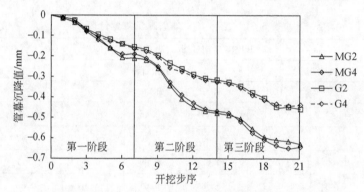

图 3.75　测点 G2、G4 和 MG2、MG4 管幕沉降值随开挖步序走势对比

化最为显著的是其上方的测点 MG3、G3，第三阶段主要是南 5、南 6 与北 5、北 6 导洞的开挖，沉降变化曲线整体较为平缓，增幅稍大的是其上方的测点 MG2、MG4、G2、G4。

(1)根据图 3.76 可以看出，两种管幕布置形式下测点沉降变化的趋势基本一致，土体的位移主要发生在掌子面经过监测断面期间的工序，如工序 3~5、10~12、17~19 的位移最为显著。

(2)第一阶段结束后"门"字形管幕试验每个测点的地表沉降均大于"口"字形管幕试验。

(3)由图 3.77 可以看出，两种曲线的初期沉降速率基本一致，累计沉降的差别主要产生于工序 4~6、11~13、17~19，由统计可知这些工序正是底部台阶经过监测断面的工序，即使断面已经封闭的情况下沉降数值还在增加，这可能是由于结构整体的下沉，沉降差异的产生是由于"口"字形布置的管幕底部具有较强的刚度，起到刚性地基梁的作用，能够有效抵抗上部土体扰动后对结构施加的荷载，限制结构整体下沉及底部土体的变形。

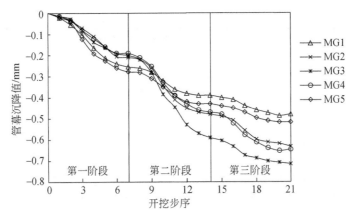

图 3.76　MG1～MG5 管幕沉降累计过程曲线

由图 3.77 可以看出：最终沉降曲线基本符合中间大两边小的沉降规律，两种管幕布设方案下地表最大沉降值分别为 0.49mm 和 0.71mm，按照相似准则进行反算后沉降值为 11.88mm、17.22mm，"门"字形管幕的沉降值高出"口"字形管幕44.9%，由于顶部管幕的设置是完全相同的，其受到上覆荷载后的挠度变形也应该是一致的，因此"门"字形管幕的沉降值过大是由于整体结构的下沉大于"口"字形管幕方案，这进一步验证了前面对地表沉降的分析。

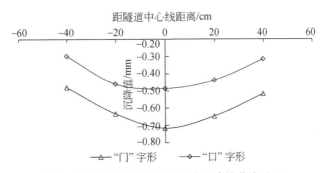

图 3.77　两种管幕形式下地表沉降槽曲线对比

3）管幕内力对比

管幕轴力的测试数据见表 3.32～表 3.34，测点布置如图 3.30 所示。

表 3.32　开挖南 1、北 1、南 2、北 2 引起的轴力累计值　　　（单位：N）

测点	开挖南 1、北 1、南 2、北 2 引起的轴力累计值						
	先期轴力		通过轴力			后期轴力	
	1	2	3	4	5	6	7
1	22.72	147.68	294.79	415.78	607.76	631.62	761.12

测点	开挖南 1、北 1、南 2、北 2 引起的轴力累计值						
	先期轴力		通过轴力			后期轴力	
	1	2	3	4	5	6	7
2	306.72	683.87	1107.60	1096.24	1014.45	1011.04	1101.92
3	65.89	260.14	571.41	587.31	667.97	687.28	745.22
4	143.14	411.23	981.51	1134.87	1231.43	1242.79	1263.23
5	123.82	232.88	244.24	248.78	453.27	502.11	604.35
6	37.49	326.03	336.26	203.34	335.12	337.39	552.67

表 3.33　开挖中 3、中 4 引起的轴力累计值　　　　（单位：N）

测点	开挖中 3、中 4 引起的轴力累计值						
	先期轴力		通过轴力			后期轴力	
	8	9	10	11	12	13	14
1	880.97	917.89	1500.66	1473.40	1267.78	1364.34	1405.24
2	1092.83	1104.19	1715.36	1341.62	1636.98	1809.65	1801.70
3	853.14	890.63	1684.69	1457.49	1483.62	1554.05	1571.09
4	1350.71	1424.55	1970.96	1918.71	1930.07	2353.80	2333.35
5	670.24	730.45	1972.10	1305.27	1517.70	1665.38	1882.36
6	634.17	673.65	999.68	779.30	937.20	1021.27	1005.36

表 3.34　开挖南 5、南 6、北 5、北 6 引起的轴力累计值　　　　（单位：N）

测点	开挖南 5、南 6、北 5、北 6 引起的轴力累计值						
	先期轴力		通过轴力			后期轴力	
	15	16	17	18	19	20	21
1	1676.74	1733.54	1955.06	1920.98	1928.93	1952.79	1952.79
2	2023.22	1998.23	2023.22	2102.74	2105.01	2078.88	2078.88
3	1782.39	2094.79	2997.91	3122.87	3125.14	3051.30	3051.30
4	2657.11	2308.36	2172.04	1992.55	2010.72	1947.11	1947.11
5	2014.13	2164.08	2134.55	2265.19	2275.41	2292.45	2292.45
6	1179.97	1988.57	2687.21	2866.70	2760.37	2867.16	2867.16

通过图 3.78 可以看出,6 个测点的轴力变化过程基本一致,呈整体上升趋势,在工序 3 和 4、10 和 11、17～19 区间出现了轴力的突变,主要由于该阶段内是导洞经过监测断面的主要工序,周边土体处于不稳定状态,因此管幕受力也较为波动,但整体呈现增长趋势。第一阶段和第二阶段的开挖过程中右侧测点 6 的轴力值一

直比较大,说明模型隧道可能存在一定的偏压,进入第三阶段后有所减小,此时拱顶测点 3 轴力值较大,最终稳定在 3051N。左侧测点 1 轴力值较小,最终稳定在1953N。整体来看,"门"字形管幕的轴力值约占"口"字形管幕轴力的 77.7% 左右。

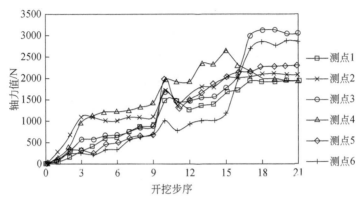

图 3.78　"门"字形管幕轴力累计值随开挖步序走势

管幕弯矩的测试数据见表 3.35～表 3.37。

表 3.35　开挖南 1、北 1、南 2、北 2 引起的弯矩累计值　（单位:N·m）

测点	开挖南 1、北 1、南 2、北 2 引起的弯矩累计值						
	先期弯矩		通过弯矩			后期弯矩	
	1	2	3	4	5	6	7
1	−0.15	−0.01	0.52	−0.08	0.37	0.36	−0.30
2	0.49	1.91	3.98	3.91	2.29	2.19	2.06
3	0.22	0.61	1.32	1.54	1.24	1.24	1.36
4	0.57	1.58	4.48	4.56	4.10	4.08	3.98
5	−0.02	0.03	0.03	0.12	−0.03	−0.09	0.17
6	0.14	1.10	1.09	0.54	0.65	0.47	1.24

表 3.36　开挖中 3、中 4 引起的弯矩累计值　（单位:N·m）

测点	开挖中 3、中 4 引起的弯矩累计值						
	先期弯矩		通过弯矩			后期弯矩	
	8	9	10	11	12	13	14
1	0.16	0.10	1.91	0.57	0.49	0.78	1.35
2	1.97	1.64	3.40	2.58	3.75	3.80	4.12
3	1.70	1.62	3.31	2.74	2.61	4.03	3.97
4	4.24	4.56	5.54	5.00	4.60	3.57	3.60

续表

测点	开挖中3、中4引起的弯矩累计值						
	先期弯矩		通过弯矩			后期弯矩	
	8	9	10	11	12	13	14
5	0.01	−0.09	−0.78	2.88	2.11	3.35	3.12
6	0.93	0.59	2.09	1.48	1.74	1.98	1.93

表3.37　开挖南5、南6、北5、北6引起的弯矩累计值　　　　（单位：N·m）

测点	开挖南5、南6、北5、北6引起的弯矩累计值						
	先期弯矩		通过弯矩			后期弯矩	
	15	16	17	18	19	20	21
1	0.66	1.52	1.76	0.95	0.91	1.52	1.52
2	4.05	5.11	5.32	6.08	6.02	5.51	5.51
3	4.08	4.35	9.11	9.37	9.32	9.59	9.59
4	3.28	3.12	7.43	5.96	5.99	5.90	5.90
5	3.21	2.15	1.32	1.23	1.23	1.39	1.39
6	1.64	1.17	3.98	3.71	3.18	3.87	3.87

由图3.79可以看出，6个测点的弯矩变化过程有些不规则，但整体呈现上升趋势，在工序3和4、10和11、17～19区间出现弯矩的突变，主要由于该阶段内是导洞经过监测断面的主要工序，周边土体处于不稳定状态，因此管幕受力也较为波动，但整体呈现增长趋势。第一阶段和第二阶段的开挖过程中右侧测点6的弯矩值一直比较大，进入第三阶段后测点3的弯矩也迅速增大成为最大弯矩点，最终测点3的弯矩值都稳定在9.6N·m左右，因而最大弯矩值出现在拱顶。最小弯矩出

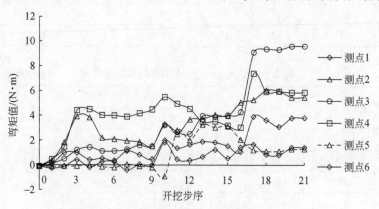

图3.79　"门"字形管幕弯矩值随开挖步序走势

现在测点 1 和 5,弯矩值最终稳定在 1.39N·m 左右,说明"门"字形管幕试验过程中没有出现偏压现象。"门"字形弯矩值整体低于"口"字形管幕,大约占"口"字形弯矩值的 87.1%。

3.4　不同直径管幕设置模型试验对比分析

相对于 3.3 节的试验,本节模型试验的区别仅在于将原型 60 根 ϕ12mm 试验的管幕替换成了原型 94 根 ϕ12mm 原型,即对应模型试验中将 60 根 ϕ12mm 对换成了 94 根 ϕ12mm 了的管幕。本节模型试验的材料配比、吊装填土及开挖工法完全等同于第一组"口"字形模型试验的过程。

3.4.1　模型试验施工过程

小直径管幕试验模拟过程是在第一组"口"字形管幕试验基础上进行了管幕尺寸方案的调整,材料配比、开挖步序及监测方案基本一致,试验过程如图 3.80～图 3.87 所示。

图 3.80　开挖前静置 10 天

图 3.81　南 1、北 1 导洞开挖并做支护

图 3.82　南 2、北 2 导洞开挖支护结束

图 3.83　中 3 导洞开挖支护结束

图 3.84　中 4 导洞开挖支护结束

图 3.85　南 5、北 5 导洞开挖支护结束

图 3.86　全部开挖并支护结束

图 3.87　飞机荷载的移动

3.4.2　试验数据对比

根据不同导洞的开挖过程,将开挖过程中的 21 个工序分为三个阶段,第一阶段为工序 1~7,即南 1、南 2 与北 1、北 2 导洞的开挖支护过程;第二阶段为工序 8~14,即中 3、中 4 导洞的开挖支护过程;第三阶段为工序 15~21,即南 5、南 6 与北 5、北 6 导洞的开挖支护过程。分别针对三个开挖阶段内,开挖过程中测得的相应数据与"口"字形管幕试验进行分析对比。

1. 地表沉降对比

地表沉降与开挖步序关系如图 3.88 和图 3.89 所示,各阶段地表沉降累计值见表 3.38~表 3.40。与第一组管幕试验的沉降过程类似,第一阶段(工序1~7)中小直径管幕试验地表沉降(X-DB2 与 X-DB6)的沉降增幅最大,在工序 3~5 尤为明显,即导洞下穿测点断面期间造成的沉降最显著,断面通过后沉降增幅减小,此时测点断面土体位移趋于稳定。第二阶段(工序 8~14)由于中央导洞的开挖,X-DB3 的沉降值由最小增长到最大,增幅最为显著,掌子面通过监测断面后逐渐趋于稳定,由于距离中央导洞较近,南5、南6与北5、北6导洞的沉降增幅也比较大。第三阶段(工序15~21)沉降曲线整体比较平缓,最终土体固结稳定,最大沉降出现在隧道中线测点 X-DB3,距离隧道中心线 60cm 的最远测点沉降值占最大沉降值的 50.7%~53.4%,最大沉降值为 0.73mm。

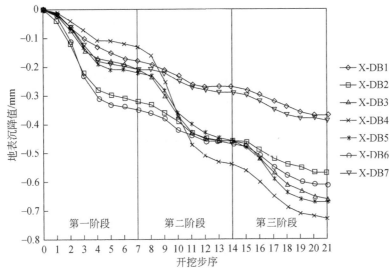

图 3.88　地表沉降值随开挖步序的走势图

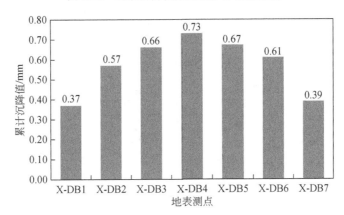

图 3.89　各个测点的地表沉降累计值

表 3.38　工序 1~7 地表沉降累计值　　　　　　　　　　　　(单位:mm)

测点	开挖南 1、北 1、南 2、北 2						
	先期沉降		通过沉降			后期沉降	
	1	2	3	4	5	6	7
X-DB1	0.02	0.06	0.10	0.13	0.15	0.17	0.18

测点	开挖南 1、北 1、南 2、北 2						
	先期沉降		通过沉降			后期沉降	
	1	2	3	4	5	6	7
X-DB2	0.04	0.12	0.22	0.28	0.30	0.31	0.32
X-DB3	0.02	0.07	0.14	0.17	0.18	0.19	0.21
X-DB4	0.01	0.04	0.07	0.11	0.11	0.12	0.13
X-DB5	0.01	0.06	0.13	0.19	0.21	0.21	0.22
X-DB6	0.02	0.11	0.23	0.31	0.33	0.34	0.35
X-DB7	0.01	0.06	0.12	0.18	0.19	0.20	0.21

表 3.39　工序 8～14 地表沉降累计值　　　　　（单位：mm）

测点	开挖中 3、中 4						
	先期沉降		通过沉降			后期沉降	
	8	9	10	11	12	13	14
X-DB1	−0.19	−0.21	−0.23	−0.26	−0.27	−0.27	−0.27
X-DB2	−0.33	−0.36	−0.39	−0.43	−0.45	−0.46	−0.46
X-DB3	−0.23	−0.30	−0.37	−0.43	−0.45	−0.46	−0.46
X-DB4	−0.16	−0.25	−0.37	−0.47	−0.51	−0.53	−0.54
X-DB5	−0.23	−0.28	−0.36	−0.40	−0.43	−0.45	−0.46
X-DB6	−0.36	−0.38	−0.42	−0.44	−0.46	−0.46	−0.47
X-DB7	−0.21	−0.22	−0.25	−0.27	−0.28	−0.29	−0.29

表 3.40　工序 15～21 地表沉降累计值　　　　　（单位：mm）

测点	开挖南 5、南 6、北 5、北 6						
	先期沉降		通过沉降			后期沉降	
	15	16	17	18	19	20	21
X-DB1	−0.28	−0.30	−0.32	−0.34	−0.36	−0.37	−0.37
X-DB2	−0.46	−0.49	−0.52	−0.54	−0.55	−0.57	−0.57
X-DB3	−0.47	−0.52	−0.57	−0.61	−0.63	−0.65	−0.66
X-DB4	−0.56	−0.60	−0.65	−0.69	−0.71	−0.72	−0.73
X-DB5	−0.48	−0.52	−0.59	−0.64	−0.66	−0.67	−0.67
X-DB6	−0.48	−0.51	−0.55	−0.58	−0.60	−0.61	−0.61
X-DB7	−0.30	−0.32	−0.35	−0.37	−0.38	−0.38	−0.39

根据不同导洞的开挖过程，将开挖过程中的 21 个工序分为三阶段，第一阶段为工序 1～7，即南 1、南 2 与北 1、北 2 导洞的开挖支护过程；第二阶段为工序 8～14，即中 3、中 4 导洞的开挖支护过程；第三阶段为工序 15～21，即南 5、南 6 与北 5、北 6 导洞的开挖支护过程。对沉降过程进行分析如图 3.90 所示。

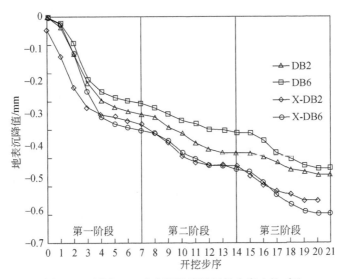

图 3.90　测点 2、6 地表沉降值随开挖步序走势对比

由图 3.90 可知，第一阶段主要是南 1、南 2 及北 1、北 2 导洞的开挖，沉降变化最为显著的是其上方的测点 DB2、DB6、X-DB2、X-DB6，对四点的沉降过程曲线分析来看，有如下结论：

（1）两种管幕规格下测点沉降变化的趋势基本一致，土体的位移主要发生在掌子面经过监测断面期间的工序，如工序 3～5、10～12、17～19 的位移最为显著。

（2）第一阶段结束后小直径管幕试验的地表沉降大于设计直径管幕试验，最大沉降值高出 16.7%～21.7%。

由图 3.91 可知，第二阶段主要是中 3 与中 4 导洞的开挖，沉降变化最为显著的是其上方的测点 DB4、X-DB4，与前面 4 个测点的曲线类似，有如下结论：

（1）两种管幕布置形式下测点沉降变化的趋势基本一致，土体的位移很大部分产生在掌子面经过监测断面期间的工序，如工序 3～5、10～12、17～19 的位移最为显著。

（2）第二阶段结束后"门"字形管幕试验的地表沉降大于"口"字形管幕试验，最大沉降值高出 22.7%。

由图 3.92 可知，第三阶段主要是南 5、南 6 与北 5、北 6 导洞的开挖，沉降变化最为显著的是其上方的测点 DB3、DB5、X-DB3、X-DB5 对应的曲线，与前面测点的

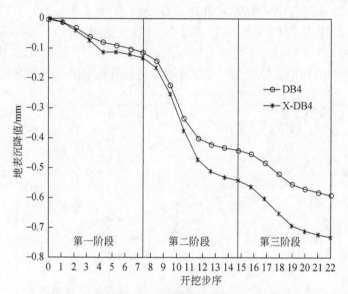

图 3.91　测点 4 地表沉降值随开挖步序走势对比

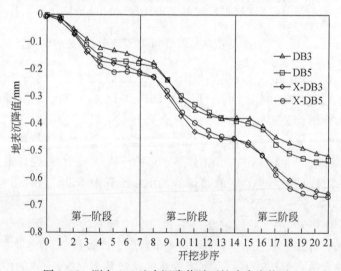

图 3.92　测点 3、5 地表沉降值随开挖步序走势对比

曲线类似,有如下结论:

(1)两种管幕布置形式下测点沉降变化的趋势基本一致,土体的位移很大一部分发生在掌子面经过监测断面期间的工序。

(2)第三阶段内沉降增幅较为平缓,由于前两个阶段的导洞已经施作支护土体性质较为稳定,因此本阶段内产生的沉降明显低于前两阶段的沉降值。

（3）第三阶段结束后小直径管幕试验的地表沉降明显高出设计直径的管幕试验，两测点最大沉降值高出 24.1%～26.9%。

由图 3.93 对比可知，两种管幕形式下各阶段的沉降规律基本一致，第一阶段（工序 1～7）对测点 1、2、6、7 的沉降贡献较大，该阶段引起的沉降占 4 个测点最终沉降的 48.6%～56.1%；第二阶段（工序 8～14）对 3、4、5 3 个测点的沉降贡献较大，该阶段引起的沉降占 3 个测点最终沉降的 35.8%～56.2%；第三阶段（工序 15～21）对各个测点的沉降贡献相对较小且较为均匀，该阶段引起的沉降值仅占总体沉降的 11.9%～25.9%。

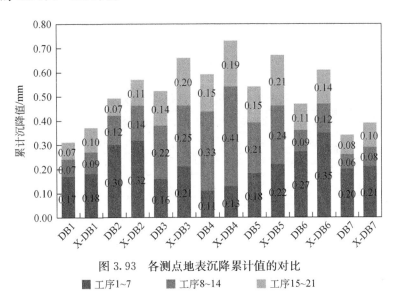

图 3.93　各测点地表沉降累计值的对比

■ 工序1～7　　■ 工序8～14　　■ 工序15～21

由图 3.94 可知，最终沉降曲线基本符合中间大两边小的沉降规律，"口"字形管幕试验的沉降曲线宽阔平缓，边缘测点 1、7 占最大沉降值的 52.5%～57.6%，按小直径的管幕试验沉降曲线略显狭长，边缘测点 1、7 占最大沉降值的 50.7%～53.4%。两种管幕布设方案下地表最大沉降值分别为 0.59mm（"口"字形）和 0.73mm（小直径的管幕试验），按照相似准则进行反算后沉降值为 14.3mm、17.70mm，"门"字形管幕地表的沉降值高出"口"字形管幕 23.7%。由此可见，大直径管幕的预支护效果更好，棚架效果更明显。

2. 管幕沉降对比

管幕沉降累计值测试数据见表 3.41～表 3.43，不同测点管幕沉降值随开挖步序走势对比如图 3.95～图 3.97 所示。

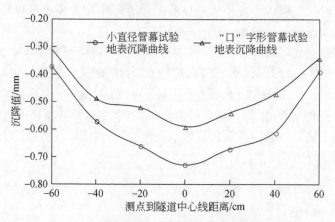

图 3.94　两种管幕形式下地表沉降槽曲线对比

表 3.41　工序 1～7 管幕沉降累计值　　　　　　　（单位：mm）

测点	开挖南 1、北 1、南 2、北 2 引起的沉降累计值						
	先期沉降		通过沉降			后期沉降	
	1	2	3	4	5	6	7
X-G1	−0.02	−0.05	−0.11	−0.16	−0.17	−0.20	−0.21
X-G2	−0.01	−0.03	−0.08	−0.13	−0.16	−0.19	−0.18
X-G3	−0.01	−0.02	−0.07	−0.11	−0.13	−0.16	−0.16
X-G4	−0.01	−0.03	−0.08	−0.12	−0.17	−0.19	−0.19
X-G5	−0.02	−0.03	−0.10	−0.16	−0.20	−0.22	−0.23

表 3.42　工序 8～14 管幕沉降累计值　　　　　　　（单位：mm）

测点	开挖中 3、中 4 引起的沉降累计值						
	先期沉降		通过沉降			后期沉降	
	8	9	10	11	12	13	14
X-G1	−0.21	−0.22	−0.24	−0.26	−0.26	−0.26	−0.26
X-G2	−0.20	−0.23	−0.28	−0.31	−0.34	−0.37	−0.38
X-G3	−0.18	−0.23	−0.31	−0.36	−0.43	−0.46	−0.48
X-G4	−0.21	−0.24	−0.31	−0.33	−0.36	−0.38	−0.39
X-G5	−0.23	−0.24	−0.26	−0.27	−0.27	−0.27	−0.28

表 3.43　工序 15～21 管幕沉降累计值　　　（单位:mm）

测点	开挖南 5、南 6、北 5、北 6 引起的沉降累计值						
	先期沉降		通过沉降			后期沉降	
	15	16	17	18	19	20	21
X-G1	−0.27	−0.29	−0.32	−0.34	−0.35	−0.36	−0.36
X-G2	−0.39	−0.43	−0.47	−0.52	−0.54	−0.55	−0.55
X-G3	−0.49	−0.51	−0.55	−0.56	−0.57	−0.57	−0.58
X-G4	−0.40	−0.42	−0.47	−0.50	−0.52	−0.53	−0.52
X-G5	−0.29	−0.31	−0.34	−0.36	−0.38	−0.38	−0.38

由图 3.95～图 3.97 可知,第一阶段主要是南 1、南 2 及北 1、北 2 导洞的开挖,沉降变化最为显著的是其上方的测点 G1、G5、X-G1、X-G5,第二阶段主要是中 3 与中 4 导洞的开挖,沉降变化最为显著的是其上方的测点 G3、X-G3,第三阶段主要是南 5、6 与北 5、6 导洞的开挖,沉降变化曲线整体较为平缓,增幅稍大的是其上方的测点 G2、G4、X-G2、X-G4。

(1)由图 3.98 可以看出,两种管幕规格的模型试验中测点沉降变化的趋势非常相似,土体的位移主要发生在掌子面经过监测断面期间的工序,如工序 3～5、10～12、17～19 的位移最为显著。

(2)第一阶段内小管径试验的沉降值高出设计管径的沉降 21%～23.5%;第二阶段结束后小管径试验的沉降值高出设计管径的沉降约 20%;第三阶段结束后小管径试验的沉降值高出设计管径的沉降 18.2%～19.6%。

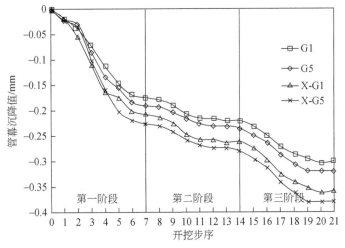

图 3.95　测点 1、5 管幕沉降值随开挖步序走势对比

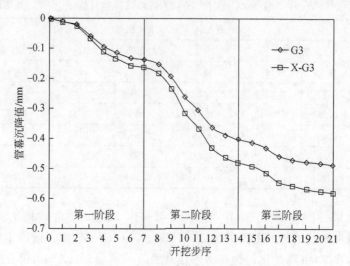

图 3.96　测点 3 管幕沉降值随开挖步序走势对比

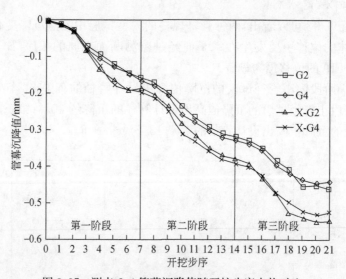

图 3.97　测点 2、4 管幕沉降值随开挖步序走势对比

由图 3.99 可以看出,最终沉降曲线基本符合中间大两边小的沉降规律,两种管幕规格试验的地表最大沉降值分别为 0.49mm、0.58mm,按照相似准则进行反算后沉降值为 11.88mm、14.07mm,小直径管幕的沉降值高出设计直径管幕 18.4%。

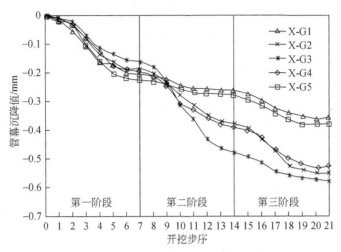

图 3.98　测点 1～5 管幕沉降累计过程曲线

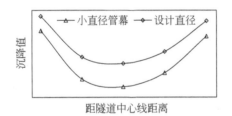

图 3.99　两种规格管幕试验地表沉降槽曲线对比

3. 管幕内力对比

小直径管幕试验内力测点布置图如图 3.100 所示。

图 3.100　小直径管幕试验内力测点布置图

开挖引起的轴力累计值见表 3.44～表 3.46。

表 3.44　开挖南 1、北 1、南 2、北 2 引起的轴力累计值　　（单位：N）

测点	开挖南 1、北 1、南 2、北 2 引起的轴力累计值						
	先期轴力		通过轴力			后期轴力	
	1	2	3	4	5	6	7
1	24.99	162.45	183.69	457.35	668.54	694.78	837.23
2	337.39	502.34	749.76	830.99	928.45	955.95	1212.11
3	72.48	286.16	634.80	646.04	734.77	756.01	819.74
4	157.45	452.36	454.86	1079.66	1185.87	1198.37	1220.86
5	136.21	256.17	268.66	273.66	498.59	552.32	664.79
6	41.24	358.64	338.64	223.68	618.55	621.05	686.03

表 3.45　开挖中 3、中 4 引起的轴力累计值　　（单位：N）

测点	开挖中 3、中 4 引起的轴力累计值						
	先期轴力		通过轴力			后期轴力	
	8	9	10	11	12	13	14
1	1047.17	1009.68	1494.52	1464.53	1550.76	1969.37	1920.64
2	1358.32	1214.61	1886.90	1444.54	1550.76	1646.98	1638.23
3	938.45	979.69	1853.16	1603.24	1631.98	1584.50	1634.48
4	1254.60	1304.59	1608.24	1706.96	1719.45	1887.35	1989.82
5	737.27	803.49	1104.31	1066.59	1388.31	1332.08	1758.19
6	779.75	883.01	943.45	825.99	903.12	992.64	1035.58

表 3.46　开挖南 5、南 6、北 5、北 6 引起的轴力累计值　　（单位：N）

测点	开挖南 5、南 6、北 5、北 6 引起的轴力累计值						
	先期轴力		通过轴力			后期轴力	
	15	16	17	18	19	20	21
1	2000.61	1906.89	1994.37	2090.36	1979.83	2148.07	2148.07
2	1819.42	1729.45	2725.38	2937.82	2869.32	2786.61	2786.61
3	1866.91	2085.59	2797.86	3037.78	2952.02	2936.57	2936.57
4	2363.00	2314.49	2330.51	2303.47	2378.56	2315.97	2315.97
5	2015.61	2099.33	2472.96	2491.71	2403.55	2521.70	2521.70
6	1463.36	1710.99	1972.67	2251.16	2191.00	2251.66	2251.66

由图 3.101 可以看出,6 个测点的轴力变化过程基本一致,呈整体上升趋势,在工序 3 和 4、10 和 11、17～19 出现了轴力的突变,主要由于该阶段内是导洞经过监测断面的主要工序,周边土体处于不稳定状态,因此管幕受力也较为波动,但整体呈现增长趋势。第一阶段(工序 1～7)的开挖过程中右侧测点 4 的轴力略大,第二阶段(工序 8～14)内出现了较为明显的轴力突变,这可能由开挖过程的干扰及少许人为因素造成,进入第三阶段后测点 2 及测点 3 的轴力明显大于其他几个位置的测点,轴力最大值最终稳定在 2936N、2786N。整体来看,小直径管幕的轴力值略小于设计直径的管幕轴力。

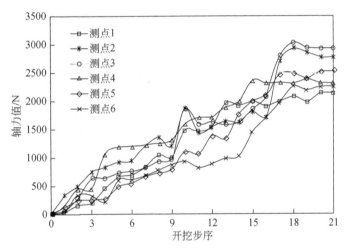

图 3.101　小直径管幕轴力累计值随开挖步序走势

开挖引起的弯矩累计值见表 3.47～表 3.49。

表 3.47　开挖南 1、北 1、南 2、北 2 引起的弯矩累计值　　（单位:N·m）

测点	开挖南 1、北 1、南 2、北 2 引起的弯矩累计值						
	先期弯矩		通过弯矩			后期弯矩	
	1	2	3	4	5	6	7
1	−0.16	−0.01	−0.13	−0.09	0.41	0.40	−0.32
2	0.54	0.85	2.04	2.43	1.58	1.63	2.26
3	0.24	0.67	1.49	1.69	1.36	1.37	1.50
4	0.62	1.74	1.80	4.17	3.67	3.64	3.53
5	−0.02	0.03	0.03	0.13	−0.03	−0.10	0.19
6	0.16	1.21	1.04	0.59	1.97	1.77	1.76

表 3.48　开挖中 3、中 4 引起的弯矩累计值　　　（单位:N·m）

测点	开挖中 3、中 4 引起的弯矩累计值						
	先期弯矩		通过弯矩			后期弯矩	
	8	9	10	11	12	13	14
1	0.56	0.11	1.32	−0.15	−0.24	0.07	0.86
2	2.94	1.80	3.74	2.69	2.88	2.46	2.82
3	1.87	1.79	3.64	3.02	2.87	3.81	3.90
4	3.51	3.70	3.29	3.49	3.04	1.83	2.50
5	0.01	−0.09	0.91	1.32	0.92	1.19	0.31
6	1.44	1.35	1.52	1.47	1.28	1.53	1.30

表 3.49　开挖南 5、南 6、北 5、北 6 引起的弯矩累计值　（单位:N·m）

测点	开挖南 5、南 6、北 5、北 6 引起的弯矩累计值						
	先期弯矩		通过弯矩			后期弯矩	
	15	16	17	18	19	20	21
1	1.51	1.67	1.15	1.78	1.71	1.67	1.67
2	2.42	3.27	5.85	6.07	6.35	6.06	6.06
3	4.02	3.69	7.52	8.32	9.24	8.45	8.45
4	3.65	3.73	5.14	4.38	4.25	4.62	4.62
5	1.41	0.96	2.08	1.35	1.85	1.52	1.52
6	1.54	1.57	2.13	2.23	2.78	2.41	2.41

由图 3.102 可以看出,6 个测点的弯矩变化过程有些不规则,但整体呈现上升

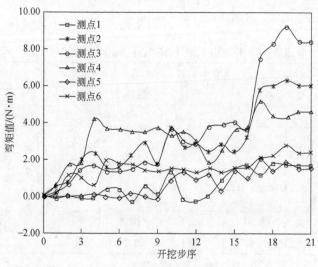

图 3.102　小直径管幕弯矩值随开挖步序走势

趋势,在工序 3、4、10、11、17~19 出现了弯矩的突变,主要由于该阶段内是导洞经过监测断面的主要工序,周边土体处于不稳定状态,因而管幕受力也较为波动,但整体呈现增长趋势。第一阶段内测点 4 弯矩偏大,进入第三阶段后拱顶管幕测点 2、3 的弯矩值渐渐增大,最终两测点弯矩值稳定在 6.1~8.5N。

3.5　本章小结

(1)在不停航条件下暗挖隧道管幕模型试验中,通过对比"口"字形与"门"字形不同管幕布置形式下浅埋暗挖过程的沉降及内力规律,得出结论,两种管幕形式下开挖过程对土体的扰动差异主要发生在下导洞通过监测断面期间,"门"字形管幕试验地表沉降值高出 50.8%,管幕沉降值高出 44.9%。由此可知,"口"字形管幕控制沉降更加有效,其底部管幕对周围地层有一定加固作用,与周围土体形成的整个复合体强度和刚度较原来相应范围内的土体都有所提高。地层的稳定性大大加强,有效控制了结构的整体下沉及地表沉降。

(2)通过三维数值模拟建立计算模型,并提取地表沉降结果和管幕沉降结果,沉降曲线与模型试验结果基本一致。

(3)从理论角度研究长大管幕结合浅埋暗挖工法的沉降过程,按照 Peck 理论分析引起地层损失的成因有结构变形和整体沉降两个方面,计算出管幕工法下地层损失率为 0.04%,最终叠加沉降值为 20.97mm。建立长大管幕的弹性地基梁模型,通过不同管幕截面、不同开挖步距情况下的计算结果分析,得出了管幕挠度值随这两个因素的变化规律,即截面越大,挠度越小;单位步距越小,挠度越小。

第4章　长大管幕施工技术

4.1　概　述

管幕是采用浅埋暗挖方法建造地下工程时的超前支护结构,管幕本身起棚护作用,可有效承载上覆松软土体的荷载,防止由隧道开挖引起的上覆土层坍塌、减小地面沉降和临近管线的变形,如图4.1所示。目前国内已有应用管幕技术开展较大断面地下工程施工的案例,如上海市中环线立交隧道、台北市复兴北路穿越松山机场地下车行通道等工程。但是断面面积150m²以上、长度160m以上的地下工程,尤其在机场跑道不停航条件下的施工暗挖工程,在国内外尚无先例,存在沉降控制难、施工精度差、施工风险高等诸多难题亟待解决。

首都机场 T2-T3 航站楼连接线及汽车通道大型地下工程施工总长755m,下穿跑道段232m采用管幕保护下浅埋暗挖施工。该工程为不停航条件下超浅埋(覆土厚度/跨度<1.5)、长距离(232m)地下管幕工程施工,如图4.2所示,道面沉降要求极为严格,总沉降需控制在6mm以内。管幕横断面由60根232m长钢管组织,呈口形布置,钢管直径970mm,壁厚16mm,管幕设计坡度千分之三,埋深4.7~5.22m。经研究,解决了该工程施工中的洞门保压、管幕钢管外周保压减阻、泥水平衡顶进、顶进纠偏、减阻浆液保压置换控沉等技术问题,实现超长管幕高精、微沉和小顶力穿越跑道下土体。

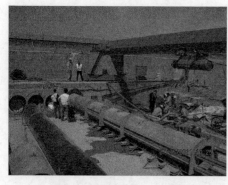
图4.1　研究对象——管幕

图4.2　依托工程实况

管幕法是近年来在国外尤其是日本快速兴起的一种新型的顶管隧道工法。它是在管棚法的基础上发展起来的,是管棚法在软土及特殊情况下使用的技术延伸,当管棚形成一个封闭(横、竖向)的围护体系时就是管幕。钢管可用顶管法顶进,钢管之间有锁口连接,这使得形成的管幕是水密闭的,可以止水。管幕法可以降低对地面活动及其他地下设施与管线的影响,对周围环境影响很小,为开挖面无法自立的地层中的隧道施工提供临时挡土及止水设施。隧道断面几何形状可依设计需要而变化,管幕可设为"口"字形、马蹄形、拱形、"门"字形等。在长度较短的隧道时造价比盾构法节省,而且即使在地面覆土厚度较浅时对地面的扰动仍然较小。

4.2　管幕法理论基础

钢管幕的直径根据工程情况和工程师经验的不同而变化。虽然钢管幕能大大减少地表变形的作用在很多工程中得到验证,但仍很少看到对其在理论上或数值计算等方面进行系统研究的相关报道。

对浅埋隧道来说,覆土深度浅的暗挖隧道施工中,土体自承能力差,因此管幕受力较为明确。在分析中,可不考虑上层土体与管幕的相互作用,对于已开挖段,管幕承受上覆土层厚度;而未开挖段,掌子面前一定范围内的围岩处于松动状态而形成松散区,此范围内的管幕承受压力。

从管幕受力示意图(图4.3)中可知,管幕受力由四部分组成:①已开挖支护段 AB, B 端为具有一定竖向位移 ω_0 和转角 θ_0 的固定端;②已开挖但未支护段 BC,围岩压力 $q(x)$ 完全由管幕承担;③掌子面前方松弛段 CD,此段管幕承受围岩压力 $q(x)$ 的同时,还承受弹性抗力 $p(x)$;④松动区前方未受扰动围岩段 DE,此段管幕仅承受弹性抗力 $p(x)$。由此,建立隧道开挖中管幕受力模型,其中以隧道初期支护施作端 B 作为坐标原点,隧道开挖高度为 h,已开挖支护 AB 段长度为 a,已开挖未支护 BC 段长度为 s,掌子面前方松弛范围 CD 段长度 $d=h\tan(45°-\varphi/2)$。在隧道开挖过程,相当于该模型随掌子面逐步推进而不断向前移动。

目前在理论方面,管幕施工工艺、管幕支护作用机理及支护效果预测、管幕支护条件下大跨度隧道开挖方式的选择及其开挖掌子面土体稳定性分析、管幕施工对周边环境的影响及其控制等,都处在试验、研究和经验类比阶段,这已无法适应当前地下工程发展的需要。因此,在总结和借鉴以往国内外管幕支护施工经验和研究成果的基础上,对管幕支护设计和施工参数进行定量分析,是地下工程技术领域一个重要而紧迫的课题。

伴随着工程实践,我国在管幕施工设备的开发研制方面,也取得了长足的进展,带导向系统的微型盾构机的制造和使用,使管幕的钢管直径、一次性打设长度及其方向控制精度、支护的开挖断面尺寸都得到很大程度的提高,这进一步增强了预支护效果。但因管幕钻机导向系统的研制尚未完全过关,打设长管幕时其方向控制精度仍偏低,易造成对拟建地下结构体的"侵限",对施工形成障碍,此问题也

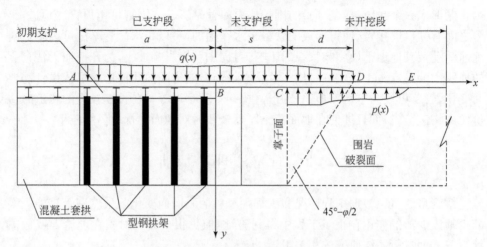

图 4.3　隧道开挖过程中管幕受力示意图

亟须研究解决。在穿越机场跑道的地层监测控制方法方面,现有的方法误差大,难以满足控制机场跑道地层变形精细化要求,也应尽快解决。

4.3　微型盾构掘进技术

4.3.1　微型盾构选型

　　管幕法一般使用小型盾构机,在拟开挖的隧道等地下结构工程的衬砌拱圈外围,按设计孔数、间距和深度打设管壁有预钻孔眼的大直径钢管,经孔眼注入水泥浆以加固土体并提高钢管的刚度,使隧道拱部预先形成钢管幕。此结构本身具有抗剪性能,可有效承载上覆松软土体的荷载,且使被加固土体的抗剪强度有较大幅度的提高,从而在隧道开挖而拱部支护未施工或未发挥作用时,提供上覆土体所需的支撑力,减小或消除由隧道开挖引起的上覆土层坍塌、地面沉降和临近管线的变形,可起到对拟开挖隧道顶部及侧壁土体的双重超前支护作用,以保证隧道掘进与后续支护施工的安全进行。该工法具有施工速度快、安全性高、工期短、对地面及周边环境影响小等特点,并具有可在较长路径内一次性形成超前支护结构的优点,可大幅度减少预支护结构施工对隧道暗挖施工工期的干扰。

　　目前国外生产此类型掘进机的厂家主要有日本伊势机公司、德国海瑞克公司、加拿大拉瓦特公司等,国内主要有上海城建集团、江南造船(集团)有限责任公司、广重企业集团有限公司和首都钢铁公司等。国外生产的盾构机设备先进,施工精度高,但价格昂贵。国产的微型盾构机,施工精度也能基本满足工程需要。但考虑工程一次顶进长度较远、地理环境特殊以及跑道下地勘不详、道面沉降不大于

6mm 标准等因素,依据工作井地勘报告和设备厂家客服等情况比选,并通过试验管顶进效果综合评定,选用 RASA DT-800 泥水平衡顶管机能满足研究课题土层工况掘进施工要求。

4.3.2 微型盾构机测控智能系统

顶管施工采用日产普通微型盾构机掘进引导,用后背千斤顶一次顶入长232m、直径 970mm、壁厚 16mm 的管幕钢管,如图 4.4 和图 1.14 所示。

图 4.4 微型盾构

微型盾构机已有的二维坐标跟踪测量方法是用安装在机头内的摄像机拍摄机头光靶上的光点,再用视频线从机头引出到钢管外的计算机控制屏幕上,进行人工判断,如图 4.5 所示。该方法存在以下问题:操作人员可能会发出错误的纠偏指令而越纠越偏;管孔内雾气导致光斑不圆、边缘不清楚;摄像机传输线过长而导致图像质量模糊;光斑抖动等。这些问题导致钢管顶进的精度不高,甚至纠偏错误。

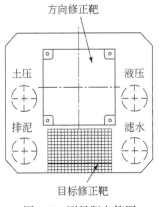

图 4.5 测量靶盘简图

为了解决人工纠偏容易产生误差的难题,自主研发了一套微型盾构机测控智能化系统,并安装在依托工程的微型盾构机上进行自动微调,最终使得管幕施工精度达到左右偏差 15mm、上下偏差 10mm,远高于设计和规范的要求。

4.3.3　管幕钢管顶力分析

1. 管幕钢管顶力计算

顶进阻力计算按《给水排水管道工程施工及验收规范(GB 50268—2008)》计算:

$$F_p = \pi D_o L f + N_F \tag{4.1}$$

式中:F_p 为顶力(kN);D_o 为管道的外径(0.97m);L 为管道设计顶进长度,本书取 232m;f 为管道外壁与土的单位面积平均摩阻力(kN/m²);N_F 为顶管机的迎面阻力(kN)。

工程采用触变泥浆减阻技术并大部处于粉质黏土层,可能部分处于细砂层。根据《给水排水管道工程施工及验收规范》,钢管顶进摩阻力 f_1 取 6kN/m²;锁扣处触变泥浆难以作用,顶进摩阻力 f_2 取 8kN/m²。

工程采用泥水平衡盾构机,N_F 计算公式按《给水排水管道工程施工及验收规范》中的表 6.3.4-1 选取,即

$$N_F = \frac{\pi}{4} D_g^2 P$$

$$P = K_a r H_0$$

式中:D_g 为顶管机外径,1.02m;P 为主动土压力;K_a 为主动土压力数,$\tan^2(45° - \varphi/2)$,内摩擦角 φ 综合考虑取 20°,忽略黏聚力影响,计算得 $K_a = 0.49$;H_0 为地面至掘进机中心厚度,覆土平均值顶排管幕 5m,底排管幕取 15m;r 为土的湿重度,取 19kN/m²。

计算得如下结果。

顶排管幕:

$$P = 0.49 \times 19 \times 5 = 46.6(kN/m^2)$$
$$N_F = 3.14/4 \times 1.02^2 \times 46.6 = 37.4(kN/m^2)$$
$$F_p = 3.14 \times 0.97 \times 232 \times 6 + 38.1 = 4277.9(kN)$$

底排管幕:

$$P = 0.49 \times 19 \times 15 = 139.7(kN/m^2)$$
$$N_F = 3.14/4 \times 1.02^2 \times 139.7 = 112.1(kN)$$
$$F_p = 3.14 \times 0.97 \times 232 \times 6 + 114.1 = 4353.9(kN)$$

2. 钢管的承力计算

钢管规格:外径 $D=0.97\mathrm{m}$,壁厚 $t=16\mathrm{mm}$,内径 $d=0.938\mathrm{m}$,材料为 Q235 钢材,$\sigma_\mathrm{s}=235\mathrm{MPa}$。

钢管能承受的最大顶力 F_1 为

$$F_1=[\sigma]S_\mathrm{n} \tag{4.2}$$

式中:$[\sigma]$ 为许用应力;S_n 为钢管净截面面积;

$$[\sigma]=\sigma_\mathrm{s}/n=235/1.33=177(\mathrm{N/mm^2})$$

式中:n 为安全系数,取 1.33;$S_\mathrm{n}=3.14\times(970^2-938^2)/4-3\times32\times16=1284.8$。

所以,有

$$F_1=177\times46393=8211561\mathrm{N}=8212\mathrm{kN}>4354\mathrm{kN}$$

钢管能承受的最大顶力为 821.2t,理论计算钢管最大推力约为 450t。

4.3.4　管幕保压润滑与减阻

1. 润滑减阻试验原理

试验原理如图 4.6 所示。

$$F=\mu N \tag{4.3}$$

式中:F 为摩擦力;μ 为摩擦系数;N 为钢体的重力。

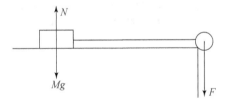

图 4.6　试验原理示意图

1)试验装置及材料
日本进口粒状一体型滑材(BIOS),自来水,弹簧秤,槽钢。
2)浆体配方
浆体配方见表 4.1。

表 4.1　浆体配方

样品号	密度/(g/cm³)	黏度/(500ml/s)	BIOS∶水
A	0.99	258	1∶80

样品号	密度/(g/cm³)	黏度/(500ml/s)	BIOS∶水
B	0.98	581	1∶60
C	0.97	799	1∶50

3)试验步骤

(1)在光滑的平台上均匀地铺满配制好的浆体。

(2)将 5.45kg 槽钢放置在浆体上表面。

(3)用 0.43kg 重物做重锤拖动槽钢前行。

(4)记录拖动 30cm 距离所需时间,以 cm/s 为单位表示液体的相对滑度。

重复上述试验步骤,求取速度平均值,如图 4.7 所示。

图 4.7　试验照片

4)试验结果及分析

试验结果见表 4.2。

表 4.2　实验结果

样品号	BIOS∶水	平均速度/(cm/s)
A	1∶80	0.5
B	1∶60	0.6
C	1∶50	0.7

从表 4.2 可知,随着浆体中 BIOS 量的不断增加,槽钢滑动速度加快,通过 30cm 距离的时间变短,所以在滑动期间,滑动摩擦力变小,摩擦系数小,润滑性好,反之则润滑性差。在现场施工过程中,浆体滑动摩擦力越小,盾构机顶进的摩擦力就越小,越便于施工。

2. 混合泥浆渗透性试验原理

泥浆在一定的时间和一定的压力下会沿着泥土缝隙发生渗透。

试验装置及材料:烧杯、BIOS,自来水、施工现场粉质黏土、锯末混凝土混合物。试验原理如图 4.8 所示。

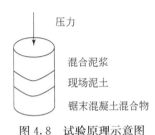

图 4.8　试验原理示意图

1)泥浆配方

混合泥浆配方如表 4.3 所示。

表 4.3　混合泥浆配方

样品号	密度/(g/cm³)	黏度/(500ml/s)	BIOS:水
A	0.99	258	1:80
B	0.98	581	1:60
C	0.97	799	1:50

2)试验步骤

在容器底部放置锯末和水泥混合物。

选取施工现场粉质黏土,保持其湿度,放置在锯末和水泥混合物上层,并模拟原生土层,将其压实。

在粉质黏土上层倒入 200ml 样品溶液,在常压状态下放置 48h 观察渗透情况,如图 4.9 所示。

图 4.9　试验照片

3)试验结果及分析

混合泥浆渗透情况见表4.4。

表4.4　混合泥浆渗透情况

样品号	BIOS：水	渗透情况
A	1：80	未发生渗透
B	1：60	未发生渗透
C	1：50	未发生渗透

由表4.2可以看出，三种样品都未发生渗透，都符合要求，避免了材料在使用过程中因为渗漏而产生不必要的损失，满足现场施工的要求。

3. 保压系统润滑减阻

进出洞门是影响管幕施工精度的重要因素之一，做好洞门保压是整个减阻系统的关键，在顶进过程中恒压均匀注入管外壁减阻浆是高精减阻顶进的保证。

1)采用进洞口孔壁处理

进洞口孔壁处理如图4.10所示。

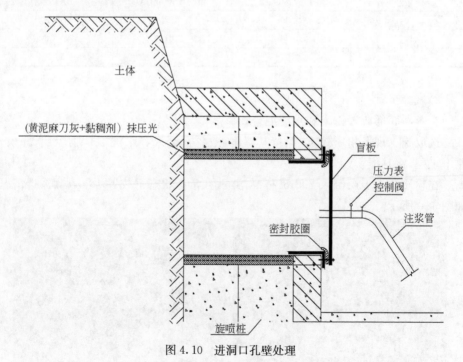

图4.10　进洞口孔壁处理

2)管外壁减阻浆液保压注入系统

保压减阻系统如图 4.11 所示。

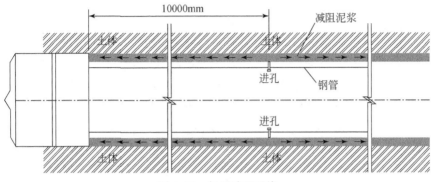

图 4.11　保压减阻系统

3)出洞口保障措施

(1)在原出洞口土质边坡面喷射 10cm 厚 C10 混凝土。

(2)在喷射面外侧衔接 30cm 厚止浆墙,止浆墙在管幕钢管出口部位预留直径 1080mm 预留洞口,待钢管贯通并完成置换注浆后用 C10 混凝土进行缝隙封堵。

4)减阻浆液置换控制沉降

管幕顶进过程中钢管需在机头刀头切削下形成 25mm 存放减阻浆的间隙,以达到泥浆减阻效果。但管幕顶进完成后不及时有效置换减阻浆液,减阻浆液会随时间的推移逐步渗透到土中,这样就会因减阻浆液的流失,在管外壁留下 25mm 的环向间隙,给土体沉降留下隐患。

为控制地基沉降,需对钢管周外侧的减阻浆液进行置换。经过课题研究,利用减阻浆输入管按照图 4.12 顺序进行置换,压力范围值控制在 0.08～0.12MPa。置换注浆总体分为两次,首次为整体置换注浆,二次为置换补充压浆,确保置换密实,降低工后沉降。

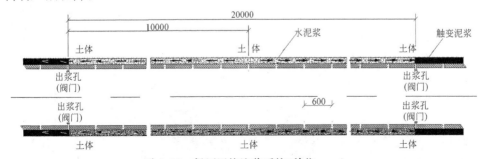

图 4.12　保压置换注浆系统(单位:mm)

4.4　长大管幕施工技术

4.4.1　管幕布置形式

管幕布置的主要形状有一字形、半圆形、圆形、"口"字形和"门"字形以及一些根据实际工程而设计的形状,如图 4.13 所示。根据工程水文地质及实际情况,拟定两种管幕布置方案,方案 A:"口"字形封闭管幕;方案 B:"门"字形不封闭管幕。

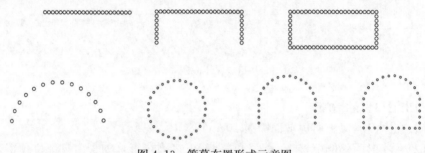

图 4.13　管幕布置形式示意图

4.4.2　管幕施工

进出洞门是影响管幕施工精度的重要因素之一,对进洞口孔壁进行处理,同时采用素水泥浆压浆保压,可以起到检测渗漏和密封洞壁作用。具体如图 4.14～图 4.17 所示。为使顶管进出洞口不发生漏浆,达到保压作用,管幕施工前在进洞口安装双层止水圈。止水圈要求为弹性好、耐磨性高的橡胶圈。洞口采用带法兰盘的固定尺寸钢管,止水圈直接安装在法兰盘上,外侧用钢板压紧。洞口法兰盘安装最大轴线偏差 10mm,最大垂直偏差 5mm。

图 4.14　管幕止浆墙套管安装

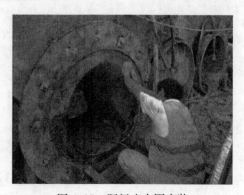

图 4.15　洞门止水圈安装

图 4.16　钢管焊接

图 4.17　管幕探伤检测

减阻泥浆顶进时通过顶管机尾部及管节上预先焊接的注浆孔,向管道外壁压入一定量的减阻泥浆,在管道四周外围形成一个泥浆套,可以有效降低施工中的阻力,是一项有力的措施。

为更好地控制地表沉降,应严格控制管幕施工精度,管幕不得侵入衬砌限界,初期支护与管幕间必须顶紧靠牢,顶部格栅架设完成后应立即与管幕进行点焊,确保结构刚性连接。管幕纵向分节顶进,单节长度不小于 10m,分节之间采用丝扣连接+围焊连接。横向钢管之间采用外接式锁口,锁口采用工厂焊接热轧不等边角钢。管幕外环状注浆在顶进施工完成后进行,相邻两个进浆口间距 20m,同时中间安装自动截止阀,作为出浆口。视跑道土体沉降程度,选择一次注浆加固或者多次注浆加固,土体注浆如图 4.18 所示。

图 4.18　管幕环状注浆

根据管幕总体施工工艺流程和管幕施工步序,管幕施工按如下进行施工组织部署。

首先,根据管幕施工步序依次完成工作井施工。工作井施工主要内容和次序如下:

顶进盾门加固框施工→顶进轨道安装→垂直运输桁吊安装调试、管幕顶进设备安装调试→泥浆池施工→上排管幕施工。具体顶进设备安装如图4.19所示。

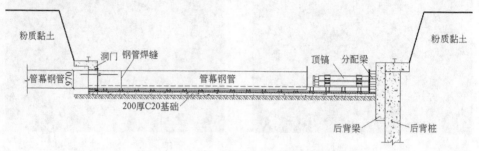

图 4.19　顶进设备安装图(单位:mm)

对应西工作井施工完成上层管幕施工开挖土方→边坡支护→出盾门施工及盾门加固框施工→工作面硬化。现场施工工序如图4.20～图4.23所示。

图 4.20　洞门保压圈安装

图 4.21　顶进轨道安装

图 4.22　盾构机安装就位

图 4.23　操作控制平台

4.4.3　长大管幕低阻顶进技术

　　管幕的顶进必须具有洞门保压、管周润滑及保压、同步注浆等功能,为此研发了进出洞门的保压装置及管周润滑保压系统。微型盾构机切削土体过程中刀盘直径为 1020mm,后跟钢管的直径为 970mm,两者直径之差为 50mm,则钢管与土孔间隙为 25mm,这个间隙的总沉降是导致顶管施工沉降的主要因素。为此顶管过程中需恒压均匀注入浆液,以控制孔壁的坍塌及下沉的作用,同时起到润滑减阻的作用。

　　为实现在管周保压减阻,在管内布设了润滑浆管路系统及管壁周均匀布设喷嘴系统,形成超长管幕钢管外减阻浆套。洞门保压装置如图 4.24 所示,管外壁保压减阻系统如图 4.25 所示。具体方法如下:

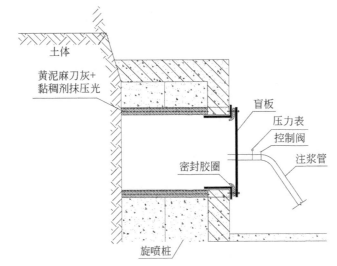

图 4.24　洞门保压装置

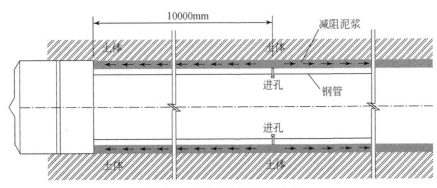

图 4.25　管外壁保压减阻系统

（1）管幕钢管内设置一条纵向通长的直径为 40mm 的注浆主管路。

（2）沿管路每隔 3m 设置一个三通阀，与环向支管路相连，注浆管路如图 4.26 所示。

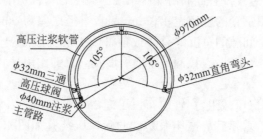

图 4.26　注浆管路布置图

（3）在环向支路上按 105 支布置 3 个注浆喷嘴，如图 4.27 所示。当润滑浆液由注浆管进入阀室后，在注浆压力作用下，回位弹簧被拉伸，阀片开启，浆液进入阀片与泥挡围成的封闭空间内，随着有压浆液不断注入，泥挡不断上升，当泥挡移动至出浆口以上位置时，润滑浆从出浆口流至钢管与周围土体空隙中形成润滑浆护套。

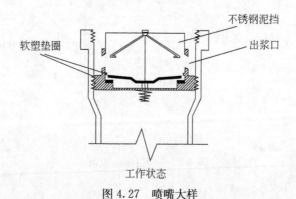

图 4.27　喷嘴大样

（4）为了防止在几百米范围内因土体存在裂缝、空隙而导致的润滑腔内浆液瞬间失压，采取沿钢管纵向每隔 30m 设置一道分仓隔断环，如图 4.28 所示。

课题组研发的保压装置和注浆系统在依托工程的顶进中应用，实现了洞门和管壁外密封保压、管内同步注浆，通过改进减阻泥浆的配比，使管幕顶进顶力大大减小，管幕减阻技术降低到规范值的 1/3，降至 100t 以下，取消了规范要求的中继间，简化了施工工艺，提高精度控制和顶进效率，降低了施工风险，实现了低阻、高精、微沉管幕顶进。

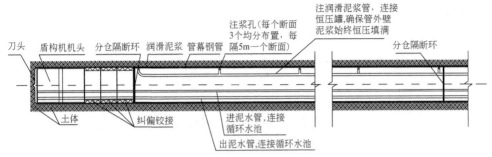

图 4.28　超长顶管减阻浆分仓保压技术各构件安装图

第 5 章　大断面隧道开挖及支护技术

5.1　概　　述

目前国内外已有许多隧道穿越公路[23,24]、轨道交通[25]、既有建(构)筑物[23~26]等的相关工程,并且近年来也出现了机场飞行区下方修建隧道的情况[27~29],但在机场不停航条件下,采用管幕与浅埋暗挖法结合修建下穿机场跑道或飞机起降区的暗挖隧道还未见先例,而关于飞机移动荷载与暗挖隧道相互作用的相关研究成果也极其有限[30,31];另外,在不停航的跑道下方进行大规模的暗挖施工作业,大量人员、材料、设备频繁进出飞行禁区,对工程管理也提出了极大的挑战。

地下工程施工过程中,地面过大沉降对附近房屋、管线、管廊和其他构筑物造成的危害越来越突出。我国原有地下工程大多以明挖或传统支护暗挖为主,但明挖方法对交通、环境和地面建筑物影响极大,传统的超浅埋、大断面暗挖法不能有效控制地表沉降,无法满足飞机冲击荷载等特殊环境的要求。

超浅埋暗挖适用于不宜明挖施工的含水率较小的各种地层,尤其对城市地面建筑物密集、交通运输繁忙、地下管线密布,且对地面沉降要求严格的情况下修建埋置较浅的地下结构工程更为适用。对于含水率较大的松散地层,采取堵水或降水措施后该法仍能适用。传统的超浅埋暗挖施工时,洞内土体及初支结构扰动所产生的地层应变将很快反映到地表的沉降量上,对于下穿跑道这种须确保"万无一失"的工程,若采用超浅埋暗挖法施工,必须采取强有力的超前支护措施,因此如何做好大断面超浅埋暗挖的预支护是施工的重点。根据地下工程各项施工案例,目前管幕在地下工程的开挖利用上具有一定的优势。

根据机场运营的要求,下穿主跑道的隧道施工不能影响飞机跑道的正常起降,跑道段的隧道施工不能采用明挖法施工,在含水粉质黏土层中进行超浅埋平顶直墙暗挖大断面隧道的开挖、初期支护和衬砌施工,沉降控制极为困难,开挖、支护方法以及施工步序都十分关键。通过理论分析、数值计算和模型试验,结合浅埋暗挖法和管幕的优点,采用超长管幕保护下的浅埋暗挖施工方法,通过10导洞开挖支护、分部衬砌来实现。

在隧道周圈利用日本微型盾构机打设超长管幕进行超前支护的前提下,对隧道前方土体超前预加固注浆,然后通过多导洞分步开挖、支护以及初支和二衬分步转换完成隧道主体结构施工,利用超前支护、超前掌子面土体加固和分步支护转换有效控制地表沉降。

5.2　平顶直墙隧道开挖支护技术

　　T2-T3 航站楼连接线隧道工程采用 10 导洞开挖法进行作业,施工中分段、分层、分部开挖并严格控制开挖进尺,确保每个单洞施工质量高、封闭成环快。在隧道进行超前支护的前提下,对隧道前方土体超前预加固注浆,然后通过 10 导洞分步开挖、支护,完成初支施工,从而有效控制地表沉降。

　　在含水粉黏土层中进行超浅埋(埋深 5.6m)平顶直墙大断面隧道(23.9m×9.1m)的开挖、初期支护和衬砌施工,沉降控制极为困难,开挖、支护方法的比较研究相当重要。通过理论分析、数值计算和模型试验,比选出 10 导洞开挖支护、分部衬砌的方法为较优方法。

5.2.1　管幕超前支护

　　管幕顶进技术是利用日本微型盾构机(泥水平衡掘进机),通过掘进机刀盘按预先设定的压力紧贴在被切削的土体断面,在后方顶力作用下一面旋转切削土体,一面向前推进维持土体的平衡。掘进时带动管幕钢管埋入土体形成预先设计的"口"字形管幕形状,起到整体加固土体和土体超前支护的作用。

5.2.2　土体超前预加固注浆

　　采用超前土体注浆加固,每个循环为 20m 进行深孔注浆加固。开挖时,保留 2m 不开挖,作为下步注浆的止浆墙;施工配料为 WSS 浆液,采用隔孔跳注的方式注浆,压力控制在 0.3~0.5MPa。并根据土体情况现场因地设定,适合黏性土、沙质土到地下水非常多的沙砾层等多种土层。

5.2.3　多导洞开挖支护

　　采用多导洞浅埋暗挖开挖施工,严格控制施工步序,以减少群洞效应的影响,并在过程中须进行初支和二衬受力体系转换,逐步形成稳定结构,实现隧道主体建造。大跨浅埋暗挖断面图如图 5.1 所示。

5.2.4　暗挖工艺流程

　　暗挖工艺流程如图 5.2 所示。

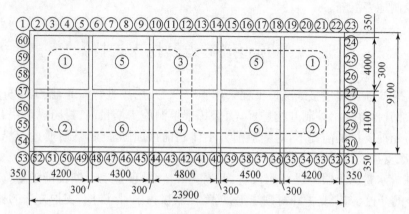

图 5.1　大跨浅埋暗挖断面图(单位:mm)

5.2.5　隧道开挖、支护、衬砌施工步序

隧道开挖、支护、衬砌施工步序如表 5.1 所示。

(1)管幕施工完成后,沿开挖轮廓线图示范围对地层进行水平深孔注浆加固,梅花形布置,1000mm×1000mm。注浆加固每 20m 为一循环,共 8 次完成。

(2)南 1、南 2 和北 1、北 2 导洞衬砌施工,上下导洞错距<10m,单导洞采用正台阶开挖,上下台阶错距 3～5m。

(3)南 1、南 2 和北 1、北 2 导洞二衬施工,二衬分为底板、墙体和顶板三部分施工,同时中 3、中 4 导洞根据南 1、南 2 和北 1、北 2 沉降控制情况和二衬施工进度,错距同步进行洞室土方开挖和初支施工。

(4)中 3、中 4 导洞开挖至贯通,贯通后由中间向两端进行二衬施工,分为底板、墙体和顶板三部分进行。

(5)中 3、中 4 导洞施作二衬完成后,仅南北 5 号导洞初支施工,导洞采用正台阶开挖预留核心土施工,随挖随喷,上下台阶错距 3m。单导洞每开挖 20m 进行深孔注浆土体预加固一次。

(6)南 5、北 5 导洞顶板二衬完成后,进行南 6、北 6 导洞初支施工,初支采用机械开挖破除,并适当优化初支钢格栅尺寸,一次施作 30m。

(7)拆除南 6、北 6 导洞临时支撑,二衬在初支(初支必须封闭成环)完成后统一进行施工。

(8)施作南 6、北 6 导洞二衬,结构封闭成环,暗挖完成,整体进行二衬回填注浆,施工完成。

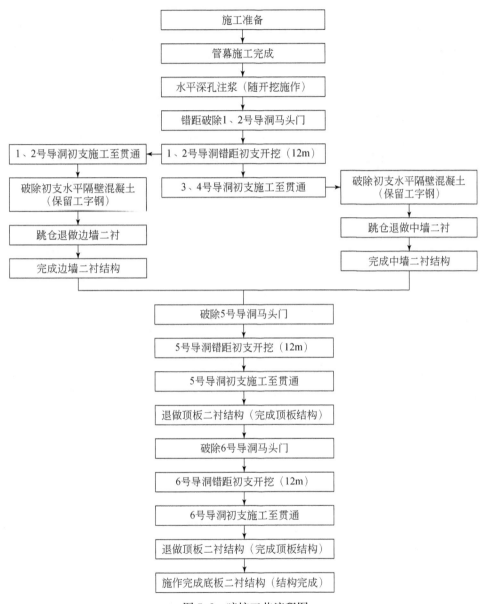

图 5.2　暗挖工艺流程图

表 5.1　隧道开挖、支护、衬砌步序

序号	图示	工程步序说明
1	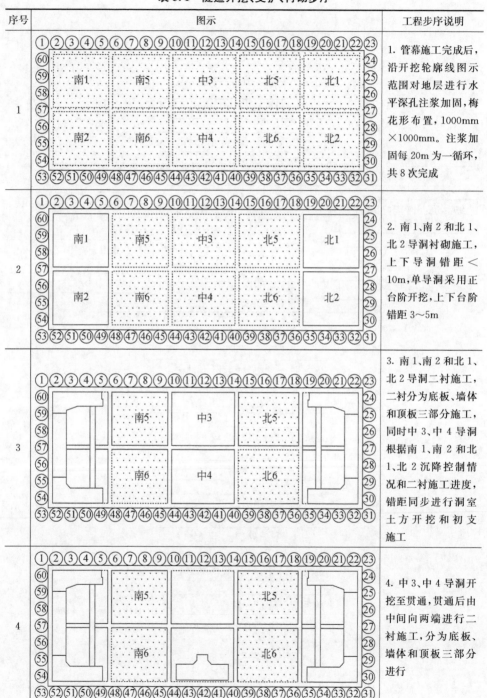	1. 管幕施工完成后，沿开挖轮廓线图示范围对地层进行水平深孔注浆加固，梅花形布置，1000mm×1000mm。注浆加固每20m为一循环，共8次完成
2		2. 南1、南2和北1、北2导洞衬砌施工，上下导洞错距＜10m，单导洞采用正台阶开挖，上下台阶错距3～5m
3		3. 南1、南2和北1、北2导洞二衬施工，二衬分为底板、墙体和顶板三部分施工，同时中3、中4导洞根据南1、南2和北1、北2沉降控制情况和二衬施工进度，错距同步进行洞室土方开挖和初支施工
4		4. 中3、中4导洞开挖至贯通，贯通后由中间向两端进行二衬施工，分为底板、墙体和顶板三部分进行

续表

序号	图示	工程步序说明
5	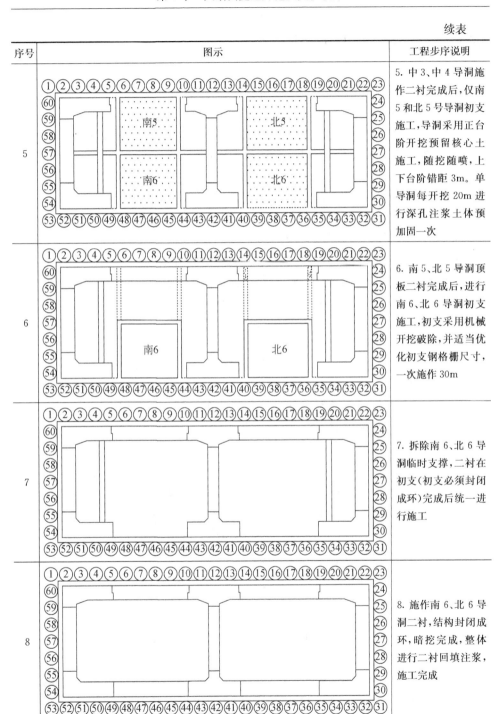	5. 中 3、中 4 导洞施作二衬完成后，仅南 5 和北 5 号导洞初支施工，导洞采用正台阶开挖预留核心土施工，随挖随喷，上下台阶错距 3m。单导洞每开挖 20m 进行深孔注浆土体预加固一次
6		6. 南 5、北 5 导洞顶板二衬完成后，进行南 6、北 6 导洞初支施工，初支采用机械开挖破除，并适当优化初支钢格栅尺寸，一次施作 30m
7		7. 拆除南 6、北 6 导洞临时支撑，二衬在初支（初支必须封闭成环）完成后统一进行施工
8		8. 施作南 6、北 6 导洞二衬，结构封闭成环，暗挖完成，整体进行二衬回填注浆，施工完成

5.2.6　多导洞暗挖施工操作要点

1. 开挖原则

暗挖段施工中必须严格遵循"管超前、严注浆、短开挖、强支护、早封闭、勤量测、控下沉"的施工原则，做到随挖随支。施工中应加强监控量测，并及时反馈信息，以根据实际情况修正设计参数，确保施工安全。

2. 马头门施工

因在施作工作井时，工作井周围施作了灌注桩，即先破除上台阶桩体，掘进至3～5m后封闭掌子面，再破除下台阶的桩体，转换到下台阶开挖。

为确保破除桩体时，拱顶土体不受扰动，采用水钻配合人工破除。

当马头门密排3榀完成后，进入正常开挖。各洞室分台阶开挖，先开挖上台阶，上台阶掘进3m后，再开挖下台阶。开挖前，先在上台阶掌子面向前方钻6～8m深超前探孔，以探测开挖前方的土质情况，以及是否存在空洞、水囊等不利情况，每掘进5m向前钻探一次。

工艺顺序为：上台阶超前探测→上台阶土方开挖→安装格栅→打设锁脚锚管和超前小导管→挂网、埋设初支背后注浆管→喷射混凝土→锁脚锚管及超前小导管注浆→下台阶开挖→安装侧壁格栅→打设锁脚锚管→安装仰拱格栅→挂网、埋设初支背后注浆管→喷射混凝土→锁脚锚管注浆。

3. 洞室间格栅连接

洞室间后安格栅与先安格栅通过连接板螺栓连接，连接钢板应紧贴；若不能紧贴，则进行四面围焊；为了确保初支内净空的几何尺寸满足设计要求，准备不同厚度的小钢板，以便在连接钢板前塞垫，以确保格栅间连接牢固。

4. 超前小导管及锁脚锚管施工

1)超前小导管、锁脚锚管规格及布置

暗挖单洞隧道结构顶部管幕之间采用小导管注浆，小导管选用公称直径为$\phi25mm$的钢焊管，$t=2.75mm$，长度2.5m；外插角$6°\sim10°$，每两榀格栅打设一排，间距同管幕间距，管壁每隔100～200交错钻眼，眼孔直径6～8mm。

施工导洞时，在每榀格栅拱角节点处或上台阶底部打设一根锁脚锚管；锁脚锚管采用$\phi25mm$的热轧钢管，$t=2.75mm$，长度1.5m，外插角30°左右，如图5.3所示。

2)超前小导管、锁脚锚管制作与安设

制作：超前小导管及锁脚锚管一端封闭并制成尖状，以利往土层内打设。尾端

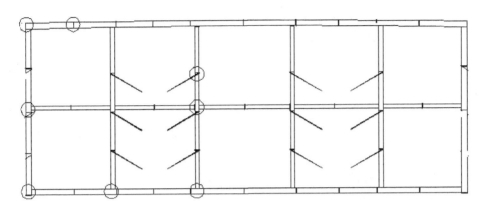

图 5.3　锁脚锚管布置图(单位:mm)

采用 ϕ8mm 钢筋焊一圈加强箍,防止施工时导管尾端变形,如图 5.4 所示。

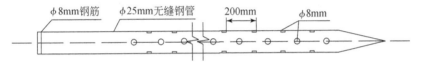

图 5.4　小导管、锁脚锚管加工示意图

安设:安设采用引孔顶入法。其安设步骤如下。

(1)用 YT-28 风钻或煤电钻引孔,或用吹管将砂石吹出成孔。

(2)插入导管,如插入有困难,可用带冲击锤的风钻顶入。

(3)用吹风管将管内砂石吹出或用掏勾将砂石掏出。

(4)导管周围缝隙用塑胶泥封堵,并用棉纱将孔口堵塞。

超前小导管:因马头门处土体已预注浆,但为了保证安全,进洞后 3m 时即开始进行超前小导管安设、注浆。并根据围岩条件控制好注浆压力,要求加固体直径不小于 0.5m。

锁脚锚管:锁脚锚管与钢格栅焊接连接,锁脚锚管内全长注浆。根据隧道所处地层(卵石层)采用单液水泥浆,配合比应现场试验确定。注浆压力 0.4~0.6MPa,注浆加固厚度 0.5m。

5. 喷射混凝土

隧道初期支护衬砌结构采用 C25 喷射混凝土,湿喷法施工。湿喷混凝土是将骨料、水泥按设计比例拌和均匀,运送至混凝土喷射机处,与在混凝土喷射机处添加的速凝剂搅拌均匀后,通过高压气流喷至喷嘴,在喷嘴处由高压风将水喷射成雾状,与混合料形成混凝土,并喷至受喷面。

5.2.7　多导洞开挖支护与质量控制

(1)严格按照"管超前、严注浆、短开挖、强支护、早封闭、勤量测"十八字方针进行土体开挖作业。

(2)严格控制注浆比例,做好土体预加固注浆、初支背后注浆、二衬背后注浆施工,确保土体沉降可控。为防止串浆情况发生,水平深孔注浆时应采取隔孔注浆的顺序进行。

(3)做好初支拆除沉降监控工作,发现问题及时反馈及时处理。拆除过程不得野蛮作业,按工序逐步拆除。

5.2.8　多导洞施工安全控制

(1)严格遵守施工管理区的动火制度,加强电焊机的管理,要求严格按照安全操作规程进行施工。在动火区配备必要的消防器材,同时做好消防器材的维修和保养。

(2)隧道内安置气体检测仪器,每天由相关部门专业人员对隧道内气体进行检测,同时加强通风,确保隧道内无有害气体,防止人员中毒或窒息,防止气体燃烧发生火灾等。

5.3　平顶直墙隧道注浆技术

为了有效控制管幕施工过程及开挖过程的地表沉降,必须进行管幕周边注浆填充空隙、管幕上方土体注浆、掌子面前方预注浆、初支背后注浆加固、初支与二衬间回填注浆施工。

5.3.1　管幕周边注浆

顶管结束时在管幕钢管周边注入水泥砂浆以挤出润滑浆液,并填充其空隙,如图 5.5 所示。

5.3.2　管幕上方土体注浆

在管幕和暗挖施工过程中,不可避免地会出现道面下土体沉降引起道面沉降的问题,采用由上层管幕预留的未填充混凝土的钢管内钻孔向道面下土体进行稳压式注浆,可避免传统脉冲式压力注浆由压力过大引起地面隆起的缺点,保证跑道在实时监测条件下进行微量填充和顶升,确保了跑道正常运营,如图 5.6 所示。

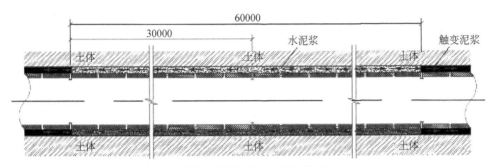

图 5.5　管周水泥浆置换示意图(单位:mm)

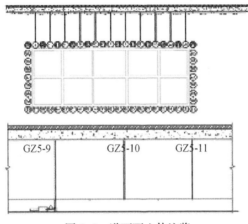

图 5.6　道面下土体注浆

5.3.3　掌子面前方深孔预注浆

本书相关工程结构穿越范围的地层为粉细砂、亚黏土层,大部分位于浅水位以下,饱和含水具有流塑性。又由于管幕无锁扣,为保证暗挖掌子面的稳定并防止管外泥水挤入涵内,采取了在两管之间和掌子面含水地层钻孔,超前深孔恒压预注浆,从而形成帷幕并加固了掌子面前方地层。

在隧道进行超前支护的前提下,对隧道前方土体超前预加固注浆,然后通过多导洞分步开挖、支护完成初支施工,从而有效控制地表沉降。

1)土体超前预加固注浆流程

土体超前预加固注浆流程如图 5.7 所示。

2)注浆施工要点

(1)浆液的选择。

因洞内注浆以加固土体为主,浆液选择为 1∶1 水泥浆。

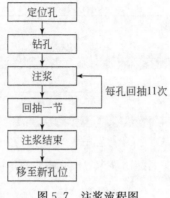

图 5.7　注浆流程图

(2)注浆压力的控制。

注浆压力是注浆施工中的重要参数,它关系到注浆施工的质量以及是否经济。因此,正确确定注浆压力和合理运用注浆压力有着重要的意义。

注浆压力与砂层孔隙发育程度、涌水压力、浆液材料的黏度和凝胶时间长短等有关,目前均按经验确定。通常情况下按如下经验式计算:

按地下水静水压力计算,设计的注浆压力(终压值)为静水压力的 2～3 倍,最大可达到 3～5 倍,即

$$P' < P < (3\sim5)\ P'$$

式中:P 为设计注浆压力(终压值)(MPa);P' 为注浆处静水压力(MPa)。

针对粉细砂、黏土层采用全断面注浆,为保证飞机主跑道的安全,在隧道拱顶部位压力采用 0.5～1MPa,其余注浆压力为 1～3MPa,注浆压力根据施工情况及时进行调整。

(3)定孔位。

根据同种地层的施工经验,在采用 1～3MPa 的压力下,浆液的扩散半径为0.8～1.5m,又因地层为粉细砂、黏土层,为了开挖能保住核心包,根据现场情况及浆液扩散半径选择注浆孔的间距为 1000mm×1000mm 梅花形布置,如图 5.8 所示。

(4)钻孔。

第一个孔施工时,要慢速运转,掌握地层对钻机的影响情况,以确定在该地层条件下的钻进参数。密切观察溢水情况,出现大量溢水时,应立即停钻,分析原因后再进行施工。每钻进一段,检查一段,及时纠偏。

(5)注浆。

当注浆管钻至规定深度后即开始注浆,浆液采用水泥、水玻璃混合溶液。

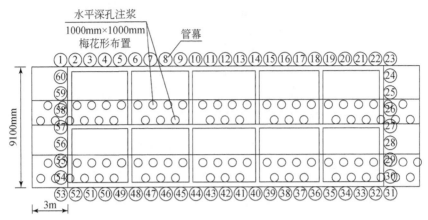

图 5.8　注浆孔布置图

溶液型浆液体积配比：A：B＝1：1(A 液：水玻璃：水＝1：1,B 液：外加剂)

悬浊液体积配比：A：C＝1：1(A 液：水玻璃：水＝1：2,C 液：直径 1.0 的搅拌桶 0.38m 水配 3 包 50kg 的袋装水泥及外加剂)。

注浆时,将根据现场实际情况调整配合比,并适当加入特种材料以增加可灌性和堵水性可以增加止水效果。

(6)回抽钻杆。

第一次注浆完成后开始回抽钻杆,每次注浆扩散半径约 2m,所以每次回抽距离也为 2m,需匀速回抽,注意注浆参数变化,回抽完成后进行第二次注浆,注浆完毕再次进行回抽,如此反复循环。

(7)注浆结束。

注浆管深度约 22m,每次回抽 2m,反复注浆、回抽循环 11 次后注浆管拔出注浆孔,该注浆孔注浆施工结束,更换下一个注浆孔。

(8)移至新孔位。

注入顺序:隧道加固区域将从外至内隔孔注浆施工顺序进行施工。

每洞室注浆循环段长 22m,每循环段注浆完毕后进行初支施工,开挖 20m 预留 2m 作为下循环段注浆止浆墙。详见深孔注浆剖面示意图 5.9。

(9)注浆流程及网喷止浆墙。

洞内注浆前先封闭掌子面,掌子面采用挂网喷射混凝土,掌子面封堵厚度为 0.35m,作为止浆墙,止浆墙采用挂网喷射混凝土,网片为 $\phi6.5mm@150mm\times150mm$ 钢筋网片,网片固定在掌子面打设的钢筋锚杆上,钢筋的规格为 $\phi25mm$,间距为 $500mm\times500mm$,长度为 2.5m,在止浆墙内预留钻孔导向管或采取其他措施导向,注浆孔间距为 1m 间距。注浆流程示意图如图 5.10 所示。

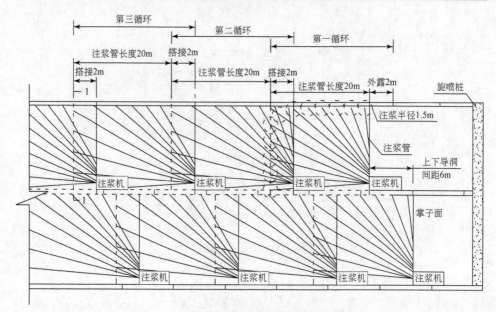

图 5.9　深孔注浆剖面示意图

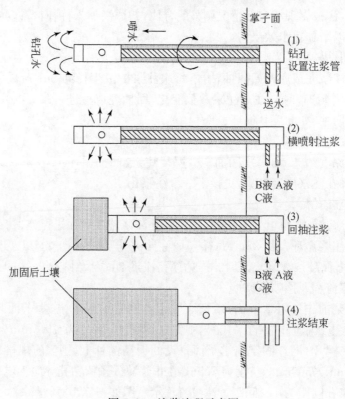

图 5.10　注浆流程示意图

5.3.4　初支背后注浆加固

由于喷射混凝土自重等因素,初期支护和土层之间往往存在空隙。不对此空隙处理,会导致地表变位及沉降量过大。因此,要对初期开挖支护进行回填注浆。

(1)初支背后注浆预埋钢管沿边墙及顶部布设,环向间距:边墙 3m,顶部 2m,纵向间距 3m,呈梅花形布置,注浆管外露 100mm,围护桩背后即埋设第一环注浆管。

注浆终压为 0.5MPa,浆液扩散半径为 1.4~1.8m,注浆速度不大于 50L/min。

(2)注浆结束标准如下:单孔标准,注浆压力逐渐上升,流量逐渐减少,当注浆压力达到 0.5MPa,稳定 3min 即可结束注浆;全段结束标准,一次支护表面无明显漏水点,隧道允许漏水量为 0.12L/(m·h)。

(3)注浆材料:初支背后注浆浆液采用水泥砂浆,由水泥、砂和水混合搅拌而成。

原材料:采用普通硅酸盐水泥,强度等级不低于 32.5;砂采用细砂,粒径不大于 2mm。

配合比:水灰比为 0.8:1~1:1(质量比);灰砂比为 1:2(质量比)。

(4)注浆施工。

按设计要求预埋充填注浆管,注浆管外露 100mm,以便接管注浆,并用棉纱塞紧孔口,然后喷射混凝土。

注浆管用 ϕ25mm 焊接钢管制成,长 800mm,前端做成圆锥形,后部焊接 ϕ6mm 钢筋箍,在距后部 400mm 处对开溢浆孔。

按单液注浆方式连接注浆管路,并进行压水(或稀释)试验,测试吸水率。

注浆时从两边墙底部向拱顶交叉进行,从无水孔向有水孔进行。

注浆时,要时刻观察压力和流量变化,压力逐渐上升,流量逐渐减少,当注浆压力达到设计终压时,再稳定 3min,可结束本孔注浆。

单孔注浆结束后,应关闭孔口阀门或用棉纱塞紧孔口,以防浆液外溢。

5.3.5　初支与二衬间回填注浆施工

二衬结构施工时,在拱部预留注浆孔,初支与二衬间的回填注浆在二次衬砌混凝土强度达到设计强度 75% 以后进行。

(1)基本设计参数。

预留注浆孔布设在隧道拱部,环向间距 3m,纵向间距 5m,呈梅花形布置。

注浆压力一般不大于 0.2MPa,达到 0.2MPa 可结束本次注浆;浆液扩散距离为 2~3m。

（2）注浆材料：采用高强无收缩浆液。

原材料：硅酸盐水泥，等级 42.5，要求新鲜。

外加剂：铝粉、UEA。

配合比：水灰比为 0.8∶1～1.2∶1（质量比），外加剂参量为水泥质量的 8%～10%。

（3）注浆施工。

回填注浆的主要工序包括注浆管埋设、连接注浆管路、注浆等。

注浆管用 $\phi25mm$ 钢管制成，长度等于衬砌厚度加 200mm（外露），一端应有连接管路的装置。

按单液注浆方式连接注浆管路，并对管路试压。

待孔口封堵材料达到一定强度后，开始注浆。

注浆顺序是从两端拱脚开始向拱顶压注。

当注浆压力达到设计终压或相邻孔出现串浆时，即可结束本孔注浆。

注浆设备：采用 TSB 型机械调量砂浆泵。

5.4　平顶直墙隧道衬砌施工技术

二次衬砌结构为模筑钢筋混凝土，采用 C40 防水混凝土，抗渗等级 P8，结构受力主筋外侧保护层为 50mm，内侧保护层为 40mm；内部结构采用 C40 混凝土，主筋外侧保护层为 40mm，基础垫层采用 C20 混凝土，二衬结构如图 5.11 所示。

待每上下洞室初期支护开挖后，及时施作二衬。隧道二次衬砌结构沿纵向分段进行施工（每段不大于 10m）。拆除初支临时仰拱时，在附近应及时架设临时钢支撑，进行受力转换，保证结构稳定及安全。

5.4.1　二衬施工原则

南 1、北 1、南 2、北 2、中 3、中 4 这 6 个导洞中，南北导洞先行，中 3、中 4 导洞滞后南 1、北 1、南 2、北 2 导洞 20～30m，6 个导洞上下导洞施工步距小于 12m。6 个导洞均从两头向中间开挖，随开挖随初支，全部挖通并初支完成后，从中间向两头顺序施工二衬，直至完工。二衬连续施工，按照"先顶后拆"的原则实施。

5 号导洞从两头向中间开挖，随开挖随初支，开挖完成后开始从中间向两头跳仓施工二衬，直至全部做完，二衬跳仓施工，按照"先顶后拆"的原则实施。

加强监控量测，做到信息化施工。

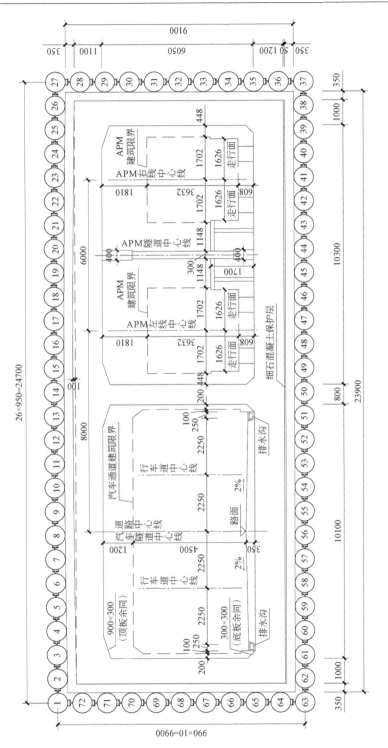

图 5.11　二衬结构横剖面图（单位：mm）

5.4.2 总体施工方案

1. 底板施工

中隔壁凿除:采用机械配合人工凿除,凿除出的渣土要及时运出隧道外。先破除格栅间初支,再破除中隔壁格栅混凝土。初支破除先隔一破一,以确保做到对称、均匀释放内力。

钢筋连接:为保证钢筋连接强度和不破坏已施工完成的防水材料,同时在保证连接效率的情况下,环向主筋和水平分布筋采用绑扎搭接施工,不宜使用焊接。

模板架立:水平施工缝设置在底板顶面上 1800mm。两端堵头模板采用木模,间距 1m 方木支撑,φ25mm 钢筋焊在钢筋骨架上支顶,纵向间距 50cm。边墙导墙模板采用定型钢模板,面板厚 4mm,背楞厚 5mm,背楞宽 50mm,间距 250mm,模板尺寸为 1200mm×600mm。边墙导墙模板采用钢管支撑。

混凝土浇注:混凝土采用地泵泵送,由一端开始分层浇注,振捣采用振捣棒。浇注后在与边墙接茬混凝土面止水条位置放置两根 2×1cm 木条,做止水条预留凹槽。初凝后对该接茬面凿毛处理,凹槽两侧 5cm 不凿。

2. 侧墙与顶部施工

初支凿除:先按上述方法拆除临时仰拱,支立临时竖向支顶后拆除中隔壁。影响拱顶施工的部分格栅先拆除,不影响的部分待拱顶混凝土模板支撑拆除后再拆除,以缩短时空效应。

钢筋绑扎:先搭设支架,支架的搭设要结合模板的支撑;后绑扎钢筋,绑扎工艺同上。

3. 模板及支撑

南 1、北 1、南 2、北 2、中 3、中 4 这 6 个导洞采用碗扣脚手架,碗扣架体系加设剪刀撑(φ42.5mm 钢管),立杆间距 900mm(横向)×600mm(纵向),横杆竖向间距 600mm。顶板采用定制钢模板(二衬 1、3 洞部位有腋角),墙体采用 18mm 厚木模板。

南 5 和北 5 导洞由于跳仓施工二衬,竖向隔断也是跳仓破除。因为跳仓施工需要从架子下面运料、走人,所以采用门式架支撑,每榀间距 1.1m,门式架跨度大,下部可以通行三轮车。门式架两端为双立杆,加强承重。使用门式架的 5 号导洞顶板二衬施工采用木模板。

边洞二衬支撑体系示意图如图 5.12 所示,1 号导洞二衬施工碗扣脚手架剖面示意图如图 5.13 所示,5 号导洞二衬施工门式架立面示意图如图 5.14 所示。

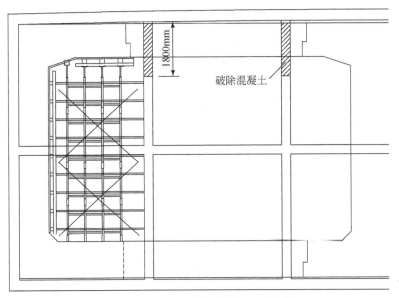

图 5.12　边洞二衬支撑体系示意图

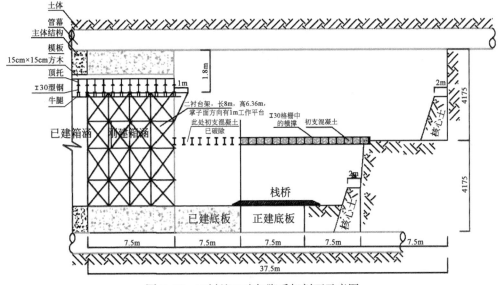

图 5.13　二衬施工碗扣脚手架剖面示意图

4. 混凝土浇注

混凝土采用地泵泵送,在顶模板中间部位留浇注孔,两侧拱顶堵头板上设观察

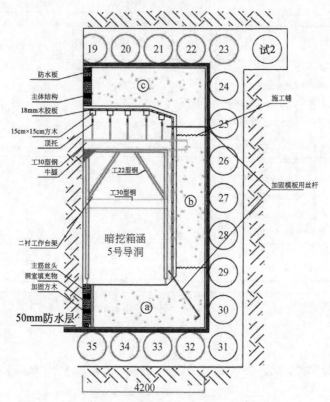

图 5.14　二衬施工门式架立面示意图

孔,混凝土泵送入模,采用附着振捣器振捣。

1、2 号导洞 C 型结构分三次浇注,中部工字型结构同样分三次浇注,每模浇注长度小于 8m。

5. 模板拆除

混凝土强度达到 100% 设计强度后方可拆模,拆模时自上而下。落地时注意轻放,避免损伤混凝土表面。拆模后对混凝土接茬面进行凿毛处理,安装施工缝注浆管及止水条等防水细部构造。

5.4.3　初支、二衬施工工序及施工操作要点

1. 边洞初支破除、二衬结构施工

边洞初支施工结束后即开始边洞二衬施工,具体工艺流程如图 5.15 所示。

施工操作要点:

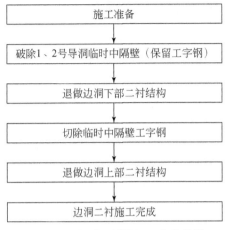

图 5.15　边洞二衬施工工艺流程图

（1）破除 1、2 号导洞临时中隔壁（保留工字钢）。

浅埋暗挖隧道初支与二衬第一阶段施工转换为凿除 1、2 号导洞中隔壁时受力转换，即边洞二衬结构施作前。破除施工采用机械配合人工剔凿，只破除临时中隔壁混凝土，保留工字钢，以防发生洞体收敛。

（2）退做边洞下部二衬结构。

从隧道中部开始朝东西两工作井退做边洞下部二衬结构，如图 5.16 所示。

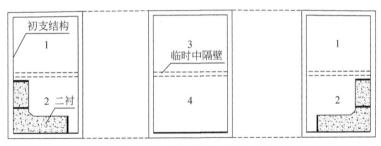

图 5.16　边洞下部二衬施工图

（3）割除边洞工字钢。

边洞下部混凝土施工完毕后，开始割除边洞临时中隔壁工字钢，割除一仓工字钢立即进行二衬施工，严禁超割，如图 5.17 所示。

（4）退做边洞上部二衬结构。

工字钢割除完毕后，立即进行剩余边洞二衬施工，从中部向外退着施工，每仓8m，如图 5.18 所示。

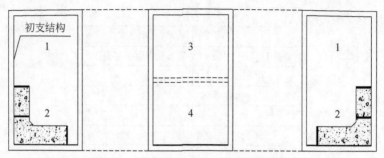

图 5.17　割除边洞临时中隔壁工字钢

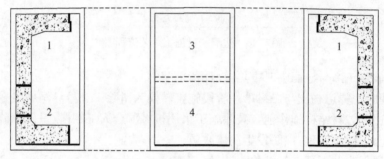

图 5.18　边洞上部二衬施工图

2. 中洞初支破除、二衬结构施工

中洞初支施工结束后即开始中洞二衬施工,具体工艺流程如图 5.19 所示。

施工操作要点:

(1)破除中洞 3、4 号导洞临时中隔壁混凝土(不割除工字钢)。

浅埋暗挖隧道初支与二衬第二阶段施工转换为初支、中隔墙支撑受力转换,即凿除中洞 3、4 号导洞中隔壁时受力转换(中 3、4 号导洞二衬结构施作前)。

破除施工时凿除出的渣土要及时运出隧道外。初支破除先隔一破一,以确保做到对称、均匀释放内力,中洞 3、4 号导洞不拆除初支工字钢仅破除初支混凝土。中隔板每次破除长度为 8m。破除完毕后支立临时竖向支顶后拆除临时中隔壁。影响拱顶施工的部分格栅先拆除,不影响的部分待拱顶混凝土模板支撑拆除后再拆除,以缩短时空效应。

(2)施工中洞 3、4 号导洞底板二衬混凝土,如图 5.20 所示。

(3)施工中洞 3、4 号导洞中墙二衬混凝土,如图 5.21 所示。

施工中洞 3、4 号导洞中墙混凝土,将中隔壁工字钢浇注在混凝土中墙内。

(4)施工中洞 3、4 号导洞顶板二衬混凝土,如图 5.22 所示。

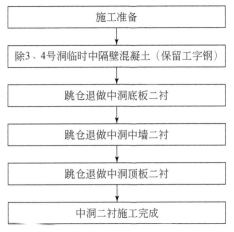

图 5.19　中洞二衬施工

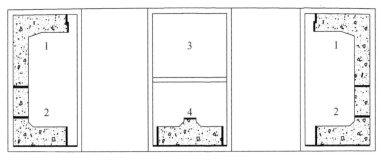

图 5.20　中洞底板二衬施工图

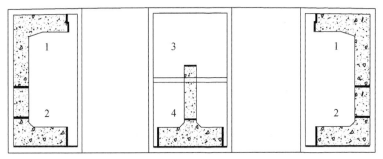

图 5.21　中洞中墙二衬施工图

3. 跨中顶板初支破除、二衬结构施工

在跨中 5 号导洞初支施工结束后即开始二衬施工,具体工艺流程如图 5.23

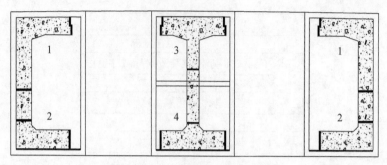

图 5.22　中洞顶板二衬施工图

所示。

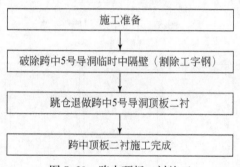

图 5.23　跨中顶板二衬施工

施工操作要点：

(1)破除 5 号导洞临时中隔壁，见图 5.24。

浅埋暗挖隧道初支与二衬施工第三阶段施工转换为凿除 5 号导洞中隔壁时受力转换，即跨中 5 号导洞二衬结构施作前。

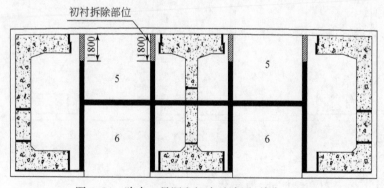

图 5.24　跨中 5 号洞室初支破除图(单位:mm)

初支采用人工结合风镐破除,破除顺序按照顶板浇注顺序跳仓拆除。为加快施工进度,减少出渣量,破除前先破除 6m 并割除工字钢,观察沉降 1~2 天,若沉降无明显变化或在可控范围内,继续扩大破除至 8m。破除顶板向下 1.8m 范围内混凝土并割除工字钢。

(2)跳仓退做跨中 5 号导洞顶板二衬,如图 5.25 所示。

浅埋暗挖隧道初支与二衬第四阶段施工转换为跨中结构顶板与底板间受力转换。

先做 5 号导洞,进行跳仓施工,先顶板后底板,以下面 6 号导洞土体做支撑,每 8m 为一仓跳仓施作结构,不同于传统满堂脚手架支撑体系,而是选用专业重型钢支撑体系,预留的施工通道既确保架体安全稳定,又可进行多工作面同时作业。

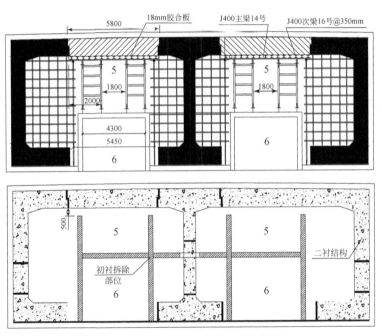

图 5.25　跨中 5 号导洞二衬施工图(单位:mm)

4. 跨中底板初支破除、二衬结构施工

跨中 5 号导洞二衬施工结束后开始进行 6 号导洞施工,具体工艺流程如图 5.26 所示。

施工操作要点:

(1)割除中洞 3、4 号导洞内临时中隔壁工字钢。

中洞 3、4 号导洞临时中隔壁工字钢使用氧气、乙炔人工割除,使之与中墙

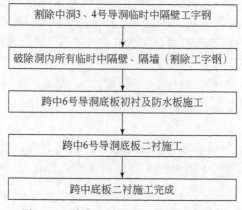

图 5.26　跨中 6 号洞室二衬施工流程图

分离。

(2)破除洞内所有剩余临时中隔壁、隔墙,如图 5.27 所示。

跨中 6 号洞室内剩余土方使用挖掘机进行挖除,土方施工的同时直接使用挖掘机挖除剩余临时中隔壁、隔墙的工字钢。

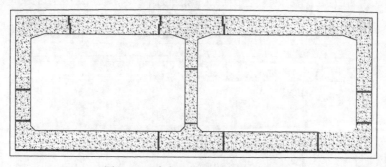

图 5.27　跨中 6 号导洞二衬施工图

5.4.4　接缝防水处理

1. 施工缝防水处理

根据图纸设计要求,232m 暗挖段不设变形缝,根据施工工艺留设施工缝,纵断面施工缝留设位置如图 5.28 所示,横断面施工缝按 8~10m 段留设。

施工缝防水措施:在施工缝基面涂刷两层水泥基渗透结晶型防水材料,环向施工缝采用单道水膨胀止水胶及预埋注浆管加强防水,纵向施工缝采用双道膨润土橡胶水膨胀止水条加强防水。施工缝防水处理如图 5.29 所示。

图 5.28　纵断面施工缝留设位置

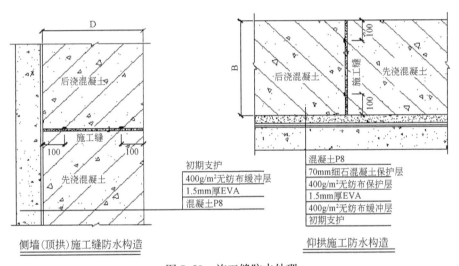

图 5.29　施工缝防水处理

2. 结构接口防水处理

暗挖进洞 1m 处为结构变形缝,暗挖二衬施工时,先凿出竖井端墙预留的接驳器,隧道二衬分布筋与原预埋接驳器连接(也可采用植筋的方法施工),如图 5.30 所示。

变形缝防水采用背贴式止水带＋中埋式钢边橡胶止水带,止水带的表面现场粘贴缓膨胀型遇水膨胀腻子条。变形缝内侧采用密封膏进行嵌缝密封止水,结构施工时,在顶拱和侧墙变形缝两侧的混凝土表面预留凹槽,凹槽内设置不锈钢接水盒,便于渗漏水时将水直接排到道床的排水沟内。变形缝防水处理如图 5.31 所示。

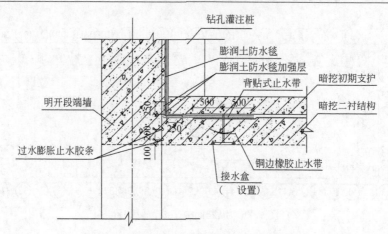

图 5.30　防水接口处理示意图(单位:mm)

结构侧墙、顶板变形缝防水

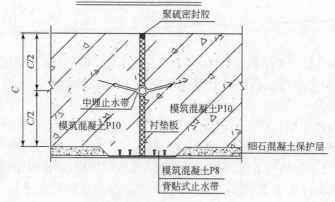

结构仰拱变形缝防水

图 5.31　变形缝防水处理(单位:mm)

5.5 飞机跑道沉降控制技术

在机场跑道下修建平顶直墙、大跨度、浅埋暗挖隧道在国内外尚属首次。大跨度平顶直墙浅埋暗挖隧道在开挖过程中沉降均较大,根据已有的工程实例,大跨度平顶直墙浅埋暗挖隧道施工及工后沉降造成的道面沉降为 10～30cm,严重影响了道面飞机或车辆的运营安全。在暗挖隧道开挖过程中,保障跑道沉降、确保飞机运营安全成为决定工程成败的关键。

课题组通过研究、创新和总结形成《机场跑道沉降控制及修复施工工法》。此工法在工程应用中效果明显,使施工道面沉降最大沉降点控制在 10mm 以内,确保机场运营安全,获得了显著的经济效益和社会效益。

5.5.1 暗挖施工产生沉降的主要原因

产生暗挖隧道沉降原因很多,大体可以分为以下几个部分:

(1)隧道开挖对土体的扰动。隧道开挖对土体的扰动是避免不了的,唯有尽快形成新的支护体系,尽量减小地面沉降。隧道开挖产生的沉降占总体沉降的绝大部分。隧道开挖沉降是根据工况产生的。中洞开挖、边跨开挖、中洞与边跨间导洞开挖。

(2)临时仰拱基础变形。

(3)初支形成过程中沉降。在初支形成的过程中,上下导洞错开、拱架地基的沉降、拱架节点连接的缝隙、拱架与管幕间缝隙及初支闭合成环过程中初支结构变形等均造成一定的沉降。

(4)初支与管幕间空隙。

(5)群洞效应。随着 10 个导洞陆续挖通,每个导洞产生的累积沉降会叠加在一起。

(6)初支与二衬结构受力转换过程中产生的变形。初支与二衬转换过程中产生的沉降是突变的,在开挖沉降中所占比例大。

(7)二衬结构变形,包括二衬结构与初支防水之间的间隙。

(8)二衬基础沉降,包括二衬基础沉降、土体固结等。

(9)工后沉降。

根据以往对类似工程监测数据并结合工程实际,初支施工完毕后产生的沉降占总沉降的 60%～70%,初支与二衬进行转换时沉降有突变,二衬结束后的工后沉降将在 3 个月内基本结束。

沉降基本分成 3 个阶段:

第 1 阶段:为开挖与初期期间形成的沉降。

第2阶段:为初支与二衬结构转换期间的沉降。

第3阶段:为工后沉降。

单一导洞开挖造成的横向影响区域如图5.32所示。

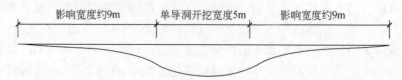

图5.32　一个导洞开挖引起的土体横向沉降曲线图

群洞效应是由多导洞变形叠加而成的,如图5.33所示。

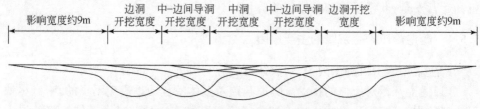

图5.33　多导洞沉降叠加曲线图

第1阶段沉降最大,在此开挖期间,需致力于控制多导洞沉降形成的群洞效应,在每个单导洞沉降发生后,及时填充跑道底板与土体间空隙,防止多导洞叠加,如图5.34、图5.35所示。

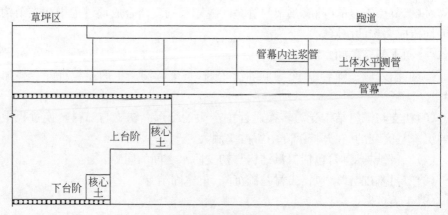

图5.34　暗挖期间沉降控制原理图(纵断面)

第2阶段及第3阶段要进行大面积注浆,防止突变沉降及工后沉降。

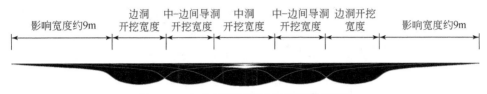

图 5.35 初支开挖沉降控制效果图(预测)

5.5.2 沉降控制方法

针对暗挖产生沉降的原因,采用不同施工阶段在不同位置跑道下进行填充注浆,补充由施工造成的土体变形。根据开挖工况及监测数据,注浆分成预注浆和注浆修复两种。

(1)对于开挖区域,虽未造成沉降(跑道混凝土道面厚度较大,与土体之间有延迟性),但需对会产生沉降的部位预先注浆,防止产生沉降。

(2)变形修复。对于已经产生沉降,且沉降速率或累计沉降较大的情况,进行注浆修复。采用管幕内注浆的方式可以有效地控制沉降,管幕内注浆工艺具有以下优点:在管幕内注浆可消除掌子面超前部分的变形;可消除单导洞开挖对周边的变形影响;可消除初支与二衬受力转换形成的沉降;可消除二衬结束后的工后沉降;注浆施工与暗挖施工互不干扰,不影响工期及进度。

具体措施如下:

(1)首先对开挖隧道周边采取强有力的超前支护措施。

(2)开挖过程中分导洞开挖,必须按施工步序施工。

(3)隧道开挖过程中注意分段、分层、分部开挖,充分利用"时间-空间效应"。

(4)对暗挖隧道开挖面土体采取用深孔注浆工艺加固掌子面,梅花形布置,确保控制飞机主跑道路面沉降。

(5)为保证管幕两侧土体稳定性,在土体两侧 2m 范围内采用水平扇形深孔注浆加固,浆液采用 WSS 双液浆。

(6)在初支和二衬之间预埋注浆管,及时进行初支和二衬背后回填注浆,做好初支和二衬背后的回填注浆工作,避免二衬背后空隙引起初支的松散变形。

(7)暗挖结构,施工中应严格控制开挖进尺,严格限制超挖。

(8)为减少中墙二衬顶板与初支密贴不足引起的沉降,在中墙二衬分为三次施工过程中,在第二次墙体部分浇注后,顶板浇注前在中墙上预设丝杆顶住初支,丝杆东西方向间距 1.5m,具体操作步序如图 5.36 所示。

(9)加强监测,及时调整监测频率和监测范围,信息化反馈指导施工;出现问题及时上报,以便采取相应的处理措施;制定预警、报警、警戒"三级"管理制度,准备相关应急材料,根据地表沉降情况,采取相应的保护措施。

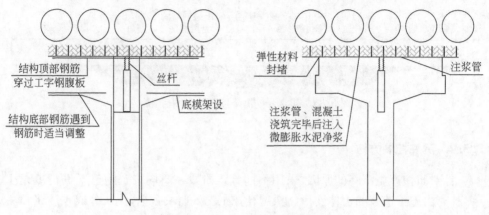

图 5.36　中墙二衬顶板劲顶步序

5.5.3　管幕内注浆工艺及质量控制

1. 管幕内注浆工艺

1) 注浆材料选择

注浆材料选用普通 R42.5 普通水泥或微膨胀无收缩超细水泥。

2) 注浆压力控制

注浆压力暂时控制在 0.5MPa 以内,防止跑道隆起;根据监测数据适当调整。

3) 注浆管加工

钢管内场地狭小,第一根管节加工长度为 0.5m,其余为 0.4m,前一节后与后节丝扣连接。

第 1 节钢管顶部加工成椭圆形,并打磨光滑,以减小阻力。每节注浆管设注浆孔,注浆孔直径 8mm,横向间距 150mm,环向间距 43mm,梅花形布置,如图 5.37 所示。

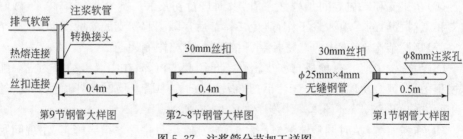

图 5.37　注浆管分节加工详图

小滑车把人拉到预埋位置。打开阀门盖,支好千斤顶,将第 1 节(0.4m)顶入,依次类推,直至安装到位,如图 5.38 所示。

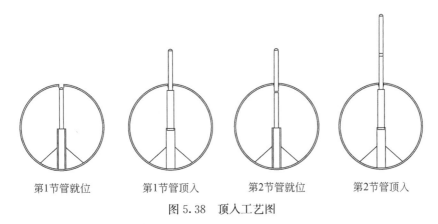

第1节管就位　　　　第1节管顶入　　　　第2节管就位　　　　第2节管顶入

图 5.38　顶入工艺图

水平注浆管选用:水平浆液输送管采用无规共聚聚丙烯(polypropylene random, PPR)热熔管,如图 5.39 所示。

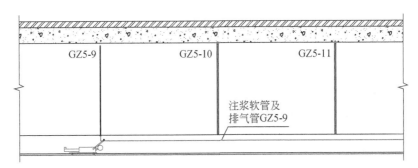

图 5.39　水平注浆管导管安装图

注浆机布置:根据开挖工艺要求,注浆机布置在东西工作坑内,东西工作坑各设置两个注浆班组。

4)管幕钢管内开孔

经过管幕施工注浆,上排管幕的注浆孔已使用完毕,要重新开孔或将已注浆的钢管拔出。钢管开孔:将开孔钻机运至预定位置后,使用磁力开孔机在钢管顶部开孔,如图 5.40 所示。

注浆实施流程如图 5.41 所示。

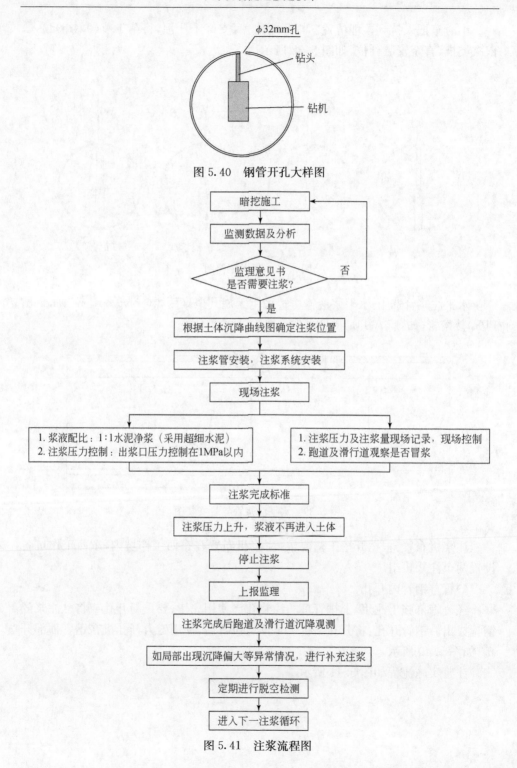

图 5.40　钢管开孔大样图

图 5.41　注浆流程图

2. 注浆质量控制

1)注浆管节

注浆管分节加工,加工时每根管长度要均匀,误差控制在±2mm 内。丝扣采用内外丝形式,加工成锥形,以保证连接紧密,不漏浆。

按设计在管节上开孔,为防止开孔后直径变化影响精度,尽量不用电焊开孔,要采用钻孔的方法,以保证管节外壁光滑均匀。

2)水平注浆管连接

由于钢管内环境恶劣,要求在连接前将接头清理干净。

由于注浆管路很长,连接完毕后要打压试管,发现漏水的地方要重新连接。

注浆前将管内水排出干净,不允许水进入土体。

注浆时管内安排专人值班,不断观察管路,防止出现堵管及漏浆。

3)注浆液配比及注浆量控制

注浆材料选普通水泥,配比初步定为 1:1,注浆时严格按比例配置,配好后搅拌均匀。

如果注浆量大于根据监测数据估算的注浆量而注浆压力不变,是否停止注浆需与业主及监理协商确定。

每次注浆后要冲洗管道,防止下次注浆堵管。

4)注浆压力控制

注浆压力暂时控制在 0.5MPa,根据现场注浆情况,可适当进行调整。

采用上述施工方法,在施工中有效控制了飞机跑道的沉降变形,其中在开挖支护期间跑道累计最大沉降 18mm;在衬砌结构施工期间跑道累计最大沉降 24mm;在其后的结构变形和土体固结沉降控制累计不超过 30mm。因此,满足了飞机跑道的沉降控制要求。施工现场如图 5.42～图 5.45 所示。

图 5.42　10 导洞暗挖施工

图 5.43　导洞掘进

图 5.44　导洞贯通

图 5.45　暗挖主体结构完成

第6章 大断面箱涵顶进施工技术

6.1 大管棚超前预支护技术

首都国际机场滑行道下顶进施工的大型箱涵,是全国首例一字型 $\phi325\text{mm}$ 大管棚支护条件下双向顶进施工的箱涵。管棚所具有的加固作用和承载作用,保证了箱涵顶进过程中的安全性与稳定性。

箱涵顶进时,前端刃脚受刚度控制和箱涵扎头影响,长度仅 2.5m。而土体掌子面高 6.5m,从涵底按亚黏土摩擦角 11° 计算得到土体破裂面后,涵前端掌子面及顶部将有十几米长的土体滑塌区。目前国内地下工程界,如地铁采用的管棚支护多为 $\phi159\text{mm}$ 管,长度仅 60m 左右,适用于小跨度纯暗挖隧道。本书相关工程一次性打通 $\phi325\text{mm}$ 管棚在国内也尚无先例。

6.1.1 管棚设计参数

管棚采用 $\phi325\text{mm}\times10\text{mm}$ 螺旋钢管,长 148m,宽度 13.7m,高 6.45m,管间距 0.65m,管棚中心距箱涵结构外缘 0.5~0.7m,总共布设 23 根,如图 6.1 所示。涵顶覆土厚度 3~6m,其中道面厚 0.4m,人工填土厚 2m,软塑亚黏土及局部为粉细砂 8~11m。涵底板最大埋深 14m,位于潜水位线下 1m。

管棚打设精度要求:水平 0.24m,垂直 0.24m,误差率不大于 3%。

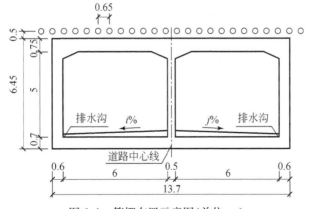

图 6.1 管棚布置示意图(单位:m)

6.1.2　管棚施工工艺和操作要点

1.管棚打设施工步骤

工程采用"导向扩孔拉管法"打设管棚,主要施工步骤如下:

(1)打设导向孔。主机采用 FDP-15B(或 15D)水平定向钻机,钻杆选用 ϕ60mm 钻杆,钻杆前端安装导向专用钻头(内装有导向探头)。根据地貌情况,导向孔由南向北穿越,随导向钻头的钻进将钻杆依次打入,直至达到预定位置。钻进过程中,采用美国月食导向仪或英国 386 导向仪全程监控,当方位角、倾角、深度偏离设计导向轨迹时,随时纠偏。

(2)一次扩孔,即将导向钻头换为 ϕ200mm 扩孔钻头,由北向南依次回扩成孔,同时将 36T 钻机专用的 ϕ90mm 钻杆逐根带回到南面孔口(如带杆不便,可由 36T 钻机由北向南沿孔推进)。

(3)二次扩孔,在北面将 ϕ90mm 钻杆与 36T 钻机连接,南面换上 ϕ380mm 的扩孔钻头,由南向北扩孔,直至全部成孔后,将扩孔头回推到南面孔口。

(4)拉管,将预先焊接牢固的 ϕ325mm×10mm 钢管用连接管头与扩孔钻头连接,内加万向接头,然后依次由南向北回拖,直至达到棚管预定的铺设长度。

(5)环状间隙注浆,在拉管的同时,将混合浆注入孔中,置换出原孔中泥浆,将环状间隙充填。

(6)管内注浆,安装管口注浆装置,将 C30 混凝土从低端口注入管中,并从高端口排出空气。

2.施工工艺流程

工作面基础开挖打造→三通一平→人员设备进场→地板轨道铺设→设备安装调试→调试钻机方位及倾角→安装探头、钻头(标定)→冲洗液循环→导向钻进→回次打尺→导向钻进→直至设计位置→一次扩孔→二次扩孔→铺设棚管(拉管),同时进行管外环状间隙浆液置换(环状注浆)→安装灌浆装置→混凝土灌注(管内注浆)→管头封堵。

3.操作要点

1)工作面要求

(1)安放 15B 钻机的工作场地高程低于南端管棚管口设计高程 1.30m 为宜。

(2)保证施工区域无其他妨碍施工、拉管的障碍物。

(3)电通、路通、水通。

2）调试钻机方位、倾角

（1）钻机孔位、入孔方位角、倾角要进行认真测量。

（2）孔位确需移动时，须报设计、监理同意，并计算回归角度。

（3）管棚不允许向下倾斜，导向钻孔开孔角度可比设计角度上仰 1‰～2‰ 并在后 50m 回归设计轨迹线，以避免扩孔时钻孔中心线下移而造成棚侵限。

3）钻头、探头安装

（1）每孔探头必须使用新电池，探头必须压紧，不得松动。

（2）探头盒、钻头连接丝扣必须完好、合适，并拧紧。

（3）探头标定长度误差要求小于 1%。

（4）为保持导向角度稳定性，钻头后部用 6m ϕ90mm 钻杆连接，然后再连接 ϕ60mm 钻杆。

（5）钻头水眼要保证畅通。

（6）钻杆必须完好、畅通，不得有明显弯曲。

4）冲洗液流动系统

（1）冲洗液一般用清水，必要时可用膨润土加适量火碱配置而成，其配比根据土层及成孔状况确定。

（2）为减少泥浆外排量，过滤后的合格污水、泥浆可以循环使用。

（3）保持水泵良好，根据不同工种、地层合理调节泵量。

5）导向钻进

（1）导向钻进前要对钻机定位、方位角及倾角、冲洗液流动及导向仪显示情况等进行全面复检，确认正常后开钻。

（2）钻进前必须开泵，待冲洗液流动正常后方可钻进。

（3）导向钻进一般宜中、低压力，中速匀速前进。

（4）现场技术员随着钻进加尺，必须时刻观察角度和深度变化情况。当与设计轨迹偏差大于 2‰ 时，应及时纠偏；当纠偏无效，偏差大于 4‰ 时，应中止钻进，及时报告技术负责人或项目经理，研究对策后再继续施工。

（5）导向孔前 70m 按每 20m 一段、后 70m 按每 10m 一段，分段进行地面高程与深度校正，有偏差时要调整角度回归。

（6）导向数据及钻进加尺情况要认真记录。

6）一次扩孔

（1）孔扩钻头采用中截面直径为 ϕ200mm 的橄榄形钻头。

（2）扩孔时要确保冲洗液的畅通，不得干扩。

（3）大、中水量宜中速匀速扩孔。

（4）当带杆时，要加上万向接头，后带的钻杆要拧紧，并保持前后坑道通信畅通，避免管钳、钻杆等伤人。

7)二次扩孔

(1)扩孔钻头采用中截面直径为 $\phi 380mm$ 的橄榄形钻头。

(2)要保持冲洗液的畅通。

(3)回推扩孔钻头应加旋转回推,避免堵死或偏离。

8)管棚焊接

(1)管棚焊接采用坡口焊。

(2)焊接时要使用大电流连续焊接,每个接头最少要焊两遍,要求焊接处高度高出管面 2mm。

(3)管棚焊接要对中平顺,不得出现明显的弯曲。

(4)管前端应有管帽及牢固的连接装置。

(5)焊接前准确测量并标明各节管长度,认真配尺,尽量减少焊口,并最大程度避免相邻管棚焊口出现在同一截面位置。

9)拉管(即管棚铺设)

(1)管头与扩孔钻头连接必须牢固,中间要加万向接头。

(2)要求加旋转,中速匀速拉管。

(3)若中途需焊管,必须事先设计好管尾停留位置,以利于焊接施工。

(4)管长度及两端外留管长度按设计要求一次到位。

图 6.2 是管棚被钻杆拉出时的照片。

图 6.2　管棚被钻杆拉出

10)环状间隙浆液置换

在拉管的同时进行环状间隙注浆,注浆采用浆液置换的方法。当管棚拉入孔内 50m 左右时,将预先配置好的混合浆替代冲洗液注入孔中,并从两端排出孔中泥浆,直至拉管完毕。

11)管内注浆

管棚打设完毕,统一进行管内注浆,浆液采用商品混凝土。首先在待注棚管的低端口安装注浆装置,开启输浆泵,将混凝土从管棚低端泵入管中,从高端口排出空气;当浆液的液面达到端口时,停止输浆泵运转,低端口单向阀自动关闭。

6.2　小导洞及下滑道设计施工技术

6.2.1　工作坑施工

工程设南北两个工作坑,北工作坑尺寸为长 48m×宽 36m×深 9.8m,南工作坑尺寸为长 38m×宽 36m×深 14m。

北工作坑采用长土钉挂网喷混凝土支护方案,但北坑靠滑行道的南侧禁区不得放坡,采用桩锚 h=9.8m。

南工作坑有两种支护方式:位于西侧坑壁由于考虑要留设吊车平台,进行顶铁的吊装工作,不能放坡,故采用护坡桩,按典型剖面布桩锚;而东侧和北侧则按锚索加土钉喷混凝土联合支护。

土方开挖分三层进行。土质主要为亚黏土、黏质粉土,呈饱和状。南工作坑底位于潜水位下 1.2m,工程前期南北工作坑都布置实施了降水,但由于渗透差,降水时间短,底层 3～5m,效果不佳,载重车不能进入装土作业。对护坡稳定有一定影响。

1. 工程设计及计算

桩按摩擦支承桩设计计算;土的极限摩阻 $\tau_i=50$kPa;桩端土承载力$[\sigma_0]=200$kPa。

2. 工程施工及要点

(1)桩施工按反循环钻孔,泥浆护壁,吊车下钢筋笼,导管法灌注水下混凝土。特别指出的是,由于限高要求,钻孔桩分别在－3m 及－5m 的工作坑内进行,钻机选用矮塔钻机。

(2)土钉护坡:人工用洛阳铲打孔($l<9$m),当 $l>15$m 时南坑选用螺旋钻钻水平孔。插入钢绞线锚索,灌注水泥浆,土面腰梁 2mmϕ20mm,OVM 锚张拉,表面短土钉挂网 ϕ8mm@150mm,喷 100mm 厚 C20 豆石混凝土。

(3)南区桩高边坡的锚及坑壁位移做监测。

(4)南区桩长螺旋成孔,先压注混凝土,后用振动法反插钢筋笼成桩。

(5)北区主后背,用钢板桩打入做承力结构,桩后浆砌片石,桩前背梁为钢筋混凝土墙,墙下设 2m 深短钢筋混凝土桩,墙、桩、滑板混凝土同时浇注成一体结构。

6.2.2　小导洞施工

箱涵顶进过程中的扎头现象难以避免,这一直是困扰国内工程界的难题。本

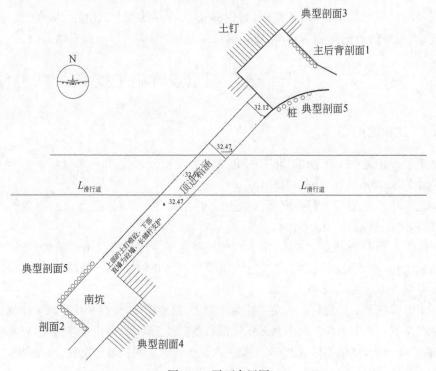

图 6.3　平面布置图

书相关工程在软土地层中顶进长大箱涵,扎头问题是必须要重点考虑的,否则一旦扎头将无法解决对接问题。本书解决的思路是:顶进前在涵底下修筑滑道,箱涵管片沿滑道顶推,一方面可避免扎头,另一方面可减小顶推阻力。本书工程采用小导洞的施工。

小导洞施工要点:

(1)洞口防护。刷好边仰坡,人工修坡;沿坡面打土钉,采用 418 钢筋,$L=$1.5m,间距 1.2m;挂 $\phi46mm@200mm$ 钢筋网片;安装洞口加固框拱架;沿洞口环向打入 450 小导管,@$0.3\sim0.5m$,$L=2.5m$;边仰坡喷射混凝土,厚 50mm,加固框喷 C20 混凝土;等待 24h,强度达到要求后开挖小导洞。

(2)导洞开挖。先在涵底挖 3 个小导洞(图 6.4),为铺筑滑道提供空间,导洞断面尺寸 1.3m×1.9m(宽×高),采用人工风镐开挖,人力双轮车或自制小轨道拖车出渣。先开挖中间导洞,滞后 10m 开挖左右侧导洞。

(3)初期支护。根据地质情况,掌子面局部设小导管超前注浆加固地层;初支每 0.5m 设一榀钢拱架,网喷 C20 混凝土、厚 100mm,拱架采用 450 钢管弯制而成,拱部侧墙与开挖面密贴,底部与 5 号槽钢焊接,形成闭合结构,采用 $\phi46mm@$100mm 钢筋焊接而成,如图 6.5 所示。

（4）下滑道的施工。在涵顶进过程中，再用挖掘机将小导洞支护结构破除。

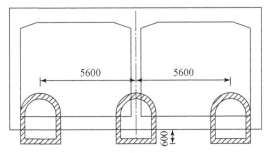

图 6.4　小导洞断面（单位：mm）

图 6.5　小导洞实施图

6.2.3　下滑道施工

小导洞开挖一定距离后，在洞底铺设 3 根 I20 号工字钢，工字钢纵向焊接，接头打磨平整，横向与下部的 5 号槽钢焊接，按箱涵设计坡度 $i=2.93\%$ 调好、调平，用支架焊接固定，而后立模灌注 1.3m 宽、0.6m 厚 C20 混凝土条形滑道，工字钢顶面与混凝土顶面齐平，滑道形成。工字钢顶面与混凝土顶面平齐，如图 6.6、图 6.7 所示。

为减少箱涵顶进时的摩阻力，在滑板表面设置润滑隔离层。润滑层采用黄油、石蜡同时熔化并均匀（3mm）浇注在混凝土表面，然后在其表面均匀撒上 1mm 的滑石粉，隔离层采用塑料布，塑料布的接缝方向与顶进方向一致，并黏结牢固。

6.2.4　滑板、后背墙施工

1. 顶力计算

框构在顶进时，必须克服框构与土壤的摩阻力，以及端部刃角切土的土抗力，这些阻力的总和，即为桥体的顶力。顶进框构的顶力，根据顶进长度、土的性质、地

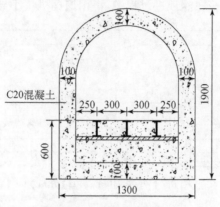

图 6.6　大样图(单位:mm)

图 6.7　工字钢滑轨铺设

下水情况、框构外形及施工方法等因素,按式(6.1)计算:

$$P = K[N_1 f_1 + (N_1 + N_2) f_2 + 2E f_3 + RA] \tag{6.1}$$

式中:P 为最大顶力,kN;N_1 为框构顶面上荷载,kN;f_1 为框构顶面与荷载重间的摩阻系数,若荷载重仅为覆土材料,可取 $f_1 = 0.2 \sim 0.5$,覆土较厚时取 $f_1 = 0.7 \sim 0.8$;N_2 为框构自重(包括箱体,框顶保护层,下滑道及钢刃角);f_2 为箱形框构底板与基底土的摩阻系数,可取 $0.7 \sim 0.8$;E 为框构两侧面土压力,kN;f_3 为框构侧面与土之间的摩阻系数,也可取 $0.7 \sim 0.8$;R 为刃角正面阻力,亚黏土用 500kPa,砂土用 1500kPa;A 为刃角正面积,m²;K 为安全系数,一般取 1.2。

$$E = \frac{1}{2}(q_1 + q_2) h_1 L$$

其中:

$$q_1 = \xi \gamma H_1, \quad q_2 = \xi \gamma (H_1 + h_1)$$

ξ 为静土压系数,一般可取 0.3;H_1 为箱涵上覆土厚度,m;h_1 为箱涵高度,m。

该工程南区第一节箱涵上覆土厚度平均取 6m,土的平均容重 $\gamma = 19.2$kN/ m^3,结合一根钢管能承受的均布力为 $p = 798.8$N/m,f_1、f_2、f_3 取 0.7,R 取 500kPa。经过计算 $N_1 = 19725$kN,$N_2 = 8500$kN,$E = 3855$kN,$A = 2.64m^2$,代入式 (6.1)可得 $P = 48337$kN。

计划采用 500t 千斤顶,每台效率按计划 70% 计,需千斤顶台数为 48337 ÷ (500×10×0.7) = 13.8(台),计算采用 14 台。

2. 后背设计

由于工程工作坑底板位于软土地基,根据以往经验,传统后背一般只能提供每米宽度 600kN 的抗顶力,而复合式后背可提供每米宽度 1200kN 的抗顶力。而复合式后背可利用工作坑底板及底板下部分地基来提供顶力,这样就需要把后背梁、底板和地基连成整体。首先,后背梁与底板采用钢筋混凝土浇注成整体,通过后背梁把顶力传递到底板;其次,通过底板下的锚梁,把部分顶力传递到地基。这样就形成了后背梁、底板、地基共同受力的复合式后背。

板桩式后背是顶进法施工地道桥的常用型式。一般由钢筋混凝土横梁、工字钢、槽钢挡土墙,墙顶水平拉杆及其锚锭桩,和地面超填土组成。由于各部分计算比较烦琐,在这里仅就其原理简单说明。工程北区主后背采用工字钢+浆砌片石+钢筋混凝土梁的做法,次后背采用混凝土灌注桩+钢筋混凝土梁的做法。南区预制场地 40m×33m,南区主后背采用混凝土灌注桩+钢筋混凝土梁的做法,次后背采用钢筋混凝土梁的做法。在此通过对南区主后背计算简单论述后背计算过程和原理。

桩的支承力按土的被动土压力计算,桩的强度由框构顶进的最大顶力控制设计,桩的稳定最不利工况为:后背混凝土横梁基槽挖成但尚未浇混凝土时,桩入土深度最小时所承受的最大主动土压力为最不利状况。

1)桩后土压力计算

桩侧土压力为

$$E_a = \frac{1}{2}\gamma(H_t + t)^2 \tan^2\left(45° - \frac{\varphi}{2}\right) \tag{6.2}$$

被动土压力为

$$E_p = \frac{1}{2}\gamma t^2 \tan^2\left(45° + \frac{\varphi}{2}\right) \tag{6.3}$$

设桩顶锚固力为 R_A,桩的受力必须平衡,则

$$E_a \frac{2}{3}(H_t + t) - E_p\left(\frac{2}{3}t + H_t\right) = 0 \tag{6.4}$$

式中:φ 为土壤的内摩擦角;γ 为土的容重。

把 $H_t = 6.23\text{m}, \gamma = 19.2\text{kN/m}^3, \varphi = 25°$ 代入式(6.4),可以求出 $t = 3.4\text{m}$,实际打入深度为 $1.4t = 4.8\text{m}$,以保证安全。

2)桩的稳定性计算

后背属于顶进框构的临时设施,应在保证桩有一定稳定性的前提下尽可能地减少桩的入土深度。桩受土压力后弯曲,并围绕顶端锚系点旋转,桩底端亦可能有位移产生,但当桩上所有水平力对于锚系点的力矩和为零时,则桩可以获得稳定。

(1)假定桩的入土深度。

(2)绘出土压力图形。

(3)以全部土压力对锚固点取矩,即验证力矩和是否为零,从而确定假定的桩入土深度正确性。

(4)计算拉锚的拉力≤锚杆的极限拉力。

(5)按一般结构力学方法计算桩的弯矩和剪力。一般情况下均小于顶进时桩的内力,不控制设计。

(6)因被动土压力计算不可能与实际相符,一般情况下,应取实际入土深度约为桩总长的 1/3 左右,工程设计入土深度约为桩总长的 1/3,实践证明此设计满足施工要求。

3)后背梁的计算及配筋

后背梁的强度计算是指每米宽度上后背的容许顶力,显然,后背的总宽度是与所顶进的箱型框构宽度相对应的,因此后背的总顶力与框构的宽度有关,而框构的长度直接影响每米宽度上后背所需的顶力,故过长的框构顶进时需要强度较大的后背。

此工程中后背的长度取 16m,单米后背梁上承受的顶力为

$$P_1 = \frac{P}{B} = \frac{48337}{16} = 3021(\text{kN})$$

土抗力为

$$E_p = \frac{1}{2}\gamma H^2 \tan^2\left(45° + \frac{\varphi}{2}\right) = 4636(\text{kN})$$

式中:H=14m。可知 $P_1 \leqslant KE_p$(K 为安全系数,一般取 1.0)。

在后背桩和千斤顶横梁之间需要一后背分配梁,用以将顶力适当扩散均匀地传递到桩上,避免集中受力。分配梁在水平方向相当于连续梁,在竖直方向相当于悬臂梁,根据如下公式设计钢筋混凝土配筋:

$$M_{max} = \frac{h_0^2}{2}p_1$$

式中:h_0 为千斤顶横梁顶到后背分配梁顶的距离。

日本一份资料认为此临时结构可以用素混凝土,此时满足下式即可:

$$M_{\max} \leqslant 0.28 b^2 \sigma_1$$

式中：b 为后背分配梁的厚度；σ_1 为后背混凝土的抗拉强度。

3. 滑板、后背钢筋混凝土桩墙施工

1）测定桩位、埋设沉降观测控制点

后背桩中不仅支撑工作坑的边坡，还要承受箱体顶进时水平推力，是重要的受力结构，故必须对其稳定性、强度进行必要的检算。根据地质资料、施工经验及工程实际条件，南区工作坑开挖深度 9.5m，等值内摩擦角取 30°，土容重取加权平均值 18.84kN/m³，建立力学模型按单锚浅埋有拉结桩进行计算。桩入土深度为 5m、锚杆拉力为 68.31kN/m，最大弯矩为 613.1kN·m。为此确定后背桩采用直径 80cm，每根桩主钢筋采用 16 根 ϕ25mm，架立钢筋采用 ϕ16mm，分布钢筋采用 ϕ8mm，桩长 14m，桩间距 0.95m，计划用 ϕ25mm 拉杆拉锚，同时在顶进时后背桩要受到 3021kN/m 顶力，按后背桩后面承受被动土压力、前面承受主动土压力受力条件下进行复核检算，后背桩具有足够的稳定性，其强度也满足要求。

2）地锚梁、滑板及后背墙施工

基槽清槽后，进行地锚梁基槽开挖，合格后开始进行碎石回填和地锚梁施工，碎石层厚 30cm，地锚梁采用砖模。

地锚梁、滑板及后背梁钢筋绑扎完成后，混凝土一次性浇注完。滑板采用 C20 钢筋混凝土，厚度 30cm，地锚梁为 0.5m×0.4m。纵向后背梁为 16m×1.5m×1.0m。在后背和滑板连接处增设 ϕ22mm 钢筋，长度 6m，间距 20cm，伸入后背梁和滑板锚梁，使后背梁与滑板成为一体。后背梁按均布荷载下多跨连续梁进行抗弯抗剪强度检算，满足要求。

4. 滑板、地锚梁、润滑隔离层和导向墩设计

1）滑板设计

滑板是顶进工艺极为重要的设施。主要作为预制箱涵时的施工垫层及顶进起动与基底土壤的隔离层，使箱涵结构物在浇注混凝土的过程中不致产生不均匀沉降，并防止箱涵结构与其底面以下的土壤黏结影响起动顶进。滑板主要分为混凝土滑板、钢筋混凝土滑板、干砌片石滑板、白灰土、三合土滑板、钢轨滑板几种类型。工程采用钢筋混凝土滑板形式，厚度 300m，钢筋采用 ϕ14mm@200mm×200mm 双向双层布置。钢筋绑扎之前先铺设 500m 厚的碎石，便于钢筋绑扎。

2）地锚梁设计

由于滑板面积比较大，设计中需要沿滑板纵横向设置地锚梁，地锚梁尺寸为 500mm×800mm（宽×高），长度方向按中心线纵横向 6m 设置。地锚梁的设置使滑板较好地连接为一体，提高了滑板的强度，保证涵体在推进中不出现滑板断裂。

同时要在滑板和地锚梁施工时预留钢筋,在后背梁施工时把后背梁与滑板和地锚梁连接为一体,从而使滑板与后背梁共同承受顶力。

　　3)润滑隔离层设计

　　为了能使预制好的箱涵在滑板上顺利地起动顶进,要求箱涵不与滑板黏结。应在滑板上设置润滑隔离层,减少顶进阻力,较避免可能出现地结构损伤、发生偏移等事故。

　　润滑隔离层具体做法如下:

　　C20 砂浆找平层 5mm 厚;厚塑料布一层;C20 砂浆隔离层 5mm 厚;滑石粉一层 1mm 厚;黄油加石蜡 mm 厚,黄油与石蜡质量比为 1∶4。

　　4)导向墩设计

　　导向墩采用 50kg/m 钢轨,每根长 0.7m,间距 4m,钢轨内边缘距箱体外边缘为 200mm,便于箱体顶进时加楔调整方向。

6.3　箱涵预制及顶进技术

　　工程顶进箱涵全长 148.3m,框架横断面外形尺寸为 13.7m×6.45m,顶板 0.75m、底板 0.7m、侧墙混凝土厚度为 0.6m,中墙厚度为 0.5m,属钢筋混凝土结构。

　　由于箱涵较长,为了保证工程质量和施工安全,采用两端顶进,并分节顶进,每节间设一个中继间,经过受力分析计算,首节箱体长 12.5m,其他箱节长 15m。北区工作坑共顶进六节箱体(87.5m),南区布置三节箱体,首节长度为 12.5m,其余二节长度为 15m,总长 42.5m。北区最后一段曲涵为顶进扩挖现浇 10.5m,合拢段长 6.7m,合拢段设在 L 滑行道南侧。

6.3.1　箱体预制

1. 钢筋工程

　　(1)现场钢筋经复试合格后,在钢筋棚加工成型,直径大于 16mm 的钢筋用直螺纹连接。

　　(2)钢筋弯曲成型后的允许偏差为:全长±10mm,弯起钢筋起点位移 20mm,弯起钢筋的弯起高度±5mm,箍筋边长±5mm。

　　(3)钢筋绑扎时,接头要错开,分布筋搭接长度不小于 35d。

2. 模板工程

　　箱体支模分两步进行,先支底板侧模,浇注完底板混凝土后支侧墙和顶板模板,共设计两套模板,各倒用一次。

(1)安装底板模板。底板钢筋绑扎完毕经检验合格后,安装底板模板。立模时第 1 节箱体前端 1.5m 范围内,设置 6% 的船头坡。

(2)安装侧墙模板。为减少顶进阻力,模板安装要平整光滑,并涂脱模剂,接缝要严密,模板之间贴密封条,防止漏浆。

(3)安装顶板模板。内模支撑采用碗扣式脚手架,脚手架按照 60cm×90cm×130cm 布置,底部用底座直接放于底板上。

模板支撑架荷载,架高在 10m 以下时,不考虑支撑架自重。

3. 混凝土工程

(1)混凝土的准备及浇注。混凝土采用 C30 商品混凝土,在订购混凝土时要求混凝土供应商严格控制坍落度、和易性、流动性等物性指标。同时,为了保证混凝土不出现施工缝,确保下层混凝土初凝以前浇注上层混凝土,仅在底板顶面以上 30cm 处留一道纵向施工缝。箱体接缝横断面倾斜度偏差不超过 3mm,浇注顶板时设置 0.5%~1% 的横向坡,保证顶板不积水。

(2)混凝土振捣。浇注时采用插入式振动器振捣,插入点呈梅花形均匀布置,振捣完毕后振捣棒徐徐提出,避免碰撞模板、钢筋以及预埋件。严格控制振捣时间,当混凝土表面停止下沉、不再冒出气泡时停止振捣,以免过振。

(3)混凝土的养护。混凝土浇注后必须及时进行养护,结合工程所处的施工环境,混凝土采用蓄热法养护。

保温层采用三种材料,由内向外分别为塑料布、棉布、棚布。

6.3.2　箱涵顶进过程力学特性

在箱涵顶进设计阶段及顶进施工准备阶段,采用有限元仿真分析箱涵顶进时的受力机理,确定不同长度涵节的千斤顶作用位置、刃角长度、底坡坡度、顶坡坡度,以保证涵节的力矩平衡,平稳顶进;在顶进过程中,研究箱涵的受力和变形特性,以监测应力集中位置和变形最大点,保证顶进施工中箱涵结构安全、施工顺利进行;预测顶进过程中的周围土体变形及沉降特点,确保顶进过程中滑行道路面沉降不超限。

1. 有限元仿真

有限元计算为了模拟箱涵混凝土和土的变形模量之间较大的差异,使土力学的分析比较符合实际,设置了所谓的接触面单元。一般情况下接触面既能传递法向应力,又能传递剪应力。

有限元仿真模型土体尺寸相对于箱涵尺寸的大小直接关系到所建模型的合理

性,这里箱涵大小按设计图纸来建模,土体取经验值,箱涵左、右两侧以及顶部和底部土体 3m,因此所建分析模型只考虑这个范围内的土体。而且由于箱涵单节长度较长,现场箱涵刃角吃土不会超过 4m,因此为提高计算效率,在实际建模时箱涵长度取 4m,而且由现场监测和计算结果来看,这样选取土体范围是比较合理的。对于边界条件的选取,同时耦合箱涵底部土体与涵底 X、Y 方向的自由度,使其保持一致。根据实际情况,约束涵体内土体 Z 方向的自由度,保留涵体内土体 X、Y 方向的自由度。事实证明,这样边界条件与实际情况是吻合的。

在进行单元选取时,可将土体、涵体划分为三维 8 节点等参单元;考虑到箱涵与土体之间的滑动,在涵体和土体之间可以用接触面单元来模拟。有限元仿真模型如图 6.8 所示。

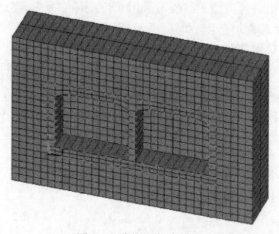

图 6.8　有限元仿真模型

根据工程的实际情况及顶进箱涵常用施工方法,共模拟 4 种工况。各工况模型具体情况如下:

工况 1。用 ϕ325mm 无缝钢管进行大管棚超前预支护,钢管长度 148m,外侧间距 65cm。此时箱涵已经完全进入土体,而且没有任何外力,即此时的沉降以及应力均为自身的重力所造成的。大管棚用实体单元模拟(实际施工中开挖进尺为 1m,考虑到减少模型单元数取为 2m)。

工况 2。约束以及预支护和初期支护参数同工况 1,同时按实际施工情况 12 个千斤顶施加于箱涵底部,并将 0.2m 的位移荷载施加于箱涵。

工况 3。约束以及预支护和初期支护参数同工况 1,在工况 2 的基础上将涵体内的土体开挖 2m,分析此时箱涵的应力变形以及地表沉降和千斤顶的顶力,开挖方法为全断面开挖,开挖循环进尺为 2m。

工况 4。约束以及预支护和初期支护参数同工况 1,在工况 3 的基础上再次开挖 2m。方法为全断面开挖,分析此时箱涵的应力变形以及地表沉降和千斤顶的顶力。

经过计算分析,从工况 1~工况 4 可以看出,在整个箱涵顶进的过程中,箱涵中隔墙的底部是箱涵的薄弱位置。此外,最大拉应力和最大压应力均出现在工况 2以及工况 3 中,所以,从时间上看,工况 2 以及工况 3 是对箱涵应力及应变进行监测的最佳时段。

2. 现场监测

为确保箱涵在施工过程中满足强度和变形要求,避免其应力和挠度超标,从而引起开裂,在应力集中和弯矩峰值的部位布设钢筋计和应变片,在顶进施工的过程中监视变形和受力,一旦过载,随即报警,并进行调整。在箱涵后端与千斤顶同轴的主筋上布置钢筋计;混凝土应变计在墙的后端顶板跨中和边墙跨中布置。布置形式如图 6.9 所示。在千斤顶的作用处,箱涵的应力增加幅度不大,对箱涵不会造成明显损坏;钢筋计安装时离箱涵端的位置以及与千斤顶的对中很难保持一致,因此,测得的最大应力也随位置不同而不同;后备梁与千斤顶通过顶铁接触,接触面积小,压应力较大。但后背梁是临时结构,基本满足要求。

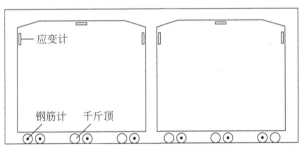

图 6.9　钢筋计与应变计布置

应变计以北区第一、第四节箱涵顶进过程中的监测数值进行分析。北区箱涵是两节现浇一次,到达设计强度之后两节连接为整体顶进,前两节箱涵顶进过程中的应力数值曲线如图 6.10 和图 6.11 所示。由于最初顶进箱涵的土阻力大,后续的箱涵在同一轨道上,阻力将小很多,因此最初顶进的箱涵中的应力最大,最大可相差 50%;最初顶进箱涵的正负最大应力值出现在同一时间,一般在第一节箱涵顶进完成,至第二节箱涵顶进一半时,箱涵所受到的应力最大,最大拉应力达到了7.5MPa,稍有超标,但影响不大,最大压应力为 13MPa。

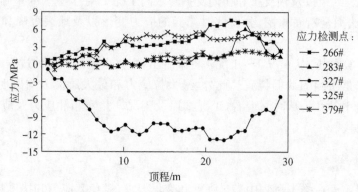

图 6.10　一、二节箱涵入土过程中的应力变化

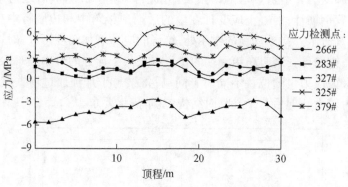

图 6.11　三、四节箱涵入土过程中的应力变化

3. 顶进过程顶力实测值和计算值对比分析

在箱涵空顶时顶力最小,约为 500kN;当刃角部分吃土为最大时,千斤顶的顶力为 2400kN;当部分开挖时,顶力开始减小,约为 2000kN;当完全开挖时,向前顶进时顶力减小到 900kN,更加直观地显示了顶力在各阶段的变化,而且与实际顶力接近。

6.3.3　箱体顶进与就位

1. 箱体顶进

箱体预制成型后,当结构主体强度达到 100% 后方可进行正式顶进作业,边顶进边出土,顶进前对箱体掌子面进行预注浆加固,顶板、底板、侧刃角始终吃土。

1)顶进设备

工程入土后最大顶力约 4941t,设备选用双作用千斤顶 500～700t 行程顶镐,后背采用 40cm×40cm 顶铁布置 6 路,后背顶镐布置 12 台,每个中继间布置 14 台,首节中继间底板 10 台,顶板 2 台,侧墙 2 台,顶板和底板各预留 2 台镐窝位置,便于调整方向和高低,其他中继间底部 8 台,顶部 4 台侧墙 2 台,底部预留 4 台镐窝位置顶部预留 2 台镐窝位置,便于调整方向和高低。横向顶对位时每节采用 4 台、4 路顶铁,可以调用后背处顶镐、顶铁不再另增加。

顶铁采用 4m、2m、1.2m、0.8m、0.4m 不等长度,根据具体情况而定,随顶进随加适当长度的顶铁。为使顶柱均匀地传力,增加稳定性,在后背梁处及顶柱长度每隔 8m 处排设横梁一道,每隔 4m 设置连接板一组,并使横梁与箱体轴线垂直,顶柱与箱体轴线平行。

2)顶进挖土、出土

本涵净跨度为 6.0m,净高为 5m,采用机械出土。洞内挖土采用小型挖掘机挖土修坡,装载机出土,自卸汽车运土。

挖土时严格掌握切土量,顶板、底板、侧刃角必须吃土顶进,挖土坡面不陡于 60°,先两侧后中间,形成向洞内凸入弧形,待箱体顶进时才能挖除凸入土方,此时先上后下。

开挖时,不能超挖,保持刃角有足够的切土量,两侧刃角切土量不少于 20cm。箱涵顶进中,测量员每顶一镐对箱涵的中线和高程进行测量复核,与顶进施工人员密切配合,根据偏差情况,随时改变挖土方法,保证箱涵按规定就位。

3)箱涵顶进

开顶前先进行试顶,试顶顶力为箱涵结构自重的 60%～100%,开始启动时各顶镐同步逐渐加压,每升压 5MPa,升压一次要稳定几分钟,并需要派专人对设备及滑板后背和箱体进行检查,若一切正常,方可加压正式顶进。顶进时,随顶随拆除小导洞拱架及支护。

各行顶柱与顶镐顶力线安装成一条直线,并与后背梁垂直。顶柱、顶镐的横断面要与后背梁、预制箱体接缝横断面平行一致并密贴。接换顶铁时,以箱涵中线为轴两侧对称排列,做到平、顺、直。

2. 箱体就位

箱体顶进主要通过"首节调整、后节微调紧跟"的方式进行控制。在滑板上空顶时,由导向墩控制顶进方向;当箱涵脱离滑板后,本箱涵虽然与机场滑行道斜交,但工作坑按正交布置,即箱体边墙将同时入土,故箱体两侧受力一致,产生的左右力矩相差不会太大,中线方向相对来讲较易控制,可以通过调整两侧千斤顶布置、顶程,结合挖土来控制,当箱体左偏时,增加左侧千斤顶顶力、顶程、顶进速度、前端左侧少吃土但严禁超挖土、减少左侧阻力,产生右偏力矩予以调整;反之,采用相应方式调整。同时,电子全站仪与计算机、箱体连接起来实施信息化处理,监控顶进箱涵方向偏转及抬、扎头。

本箱涵两端顶进,底板设计为 2.958% 坡度,对顶涵而言坡度较大。为了防止出现"扎头"在滑板上除设置设计的坡度外,在下坡顶进滑板上相对设计坡度再增加 3‰ 的上坡,箱体预制时,下坡端顶进底板前设置 1.5m 长、6% 的船头坡。上坡顶进端滑板同设计底板坡度一致,不再另增上坡。

箱体顶进时受力状态不断发生变化,虽然很难定量地分析各种力的大小,但可以定性地分析其变化趋势,通过对首节箱体受力状态分析,调整力的大小,进而调整抬头力矩及扎头力矩进行水平控制,首节控制是控制的关键。其受力分析如图 6.12 所示。

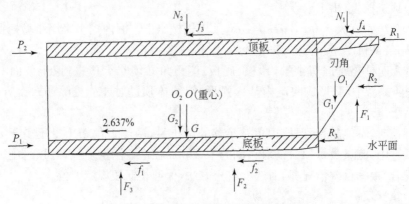

图 6.12　首节箱体上坡顶受力状态分析

对箱体重心 O 取矩,"抬头"力矩为顶板正面阻力 R_1、边墙正面阻力 R_2、前端刃角顶板摩阻力 f_4、顶板摩阻力 f_3、箱体顶板土压力 N_2、前端刃角支撑反力 F_1、箱体重心前端底板支撑反力 F_2。箱体自重力 G_2、底板顶力 P_1。

"抬头"为前端刃角顶板土压力 N_1、箱体自重力 G_1、底板正面阻力 R_3、底板摩阻力 f_2、底板摩阻力 f_1、顶板顶力 P_2。

通过调整前端底板、边墙顶板吃土量来控制箱体正面阻力及产生的"抬头"及"抬头"的力矩。当"抬头"趋势通过控制前端吃土量效果较差时,不能通过超挖底板土降低标高来解决,故启用预留安装在首节箱体后端的顶板千斤顶,给箱体一个向下的力矩达到控制"抬头"的目的。

下坡顶进行同样的受力分析,通过船头坡增加一"抬头"力矩。

箱体顶进时遇到软土地基时,箱体出现"抬头"时,需对软基处理,可以采取挖除软土、换填碎石、快硬混凝土、注入水泥与水玻璃浆加固,以便快速提高地基强度。总之,顶进箱涵水平虽然难以控制,但只要正确分析首节箱体的受力状态,操作时及时进行受力状态的调整是完全可以控制的。

为减少主体结构顶入时的摩阻力,在滑板表面设置润滑隔离层。滑板混凝土表面施作的润滑层采用黄油、石蜡同时熔化并均匀浇注在混凝土表面。在施作黄油(或机油)、石蜡混合物时严格控制其均匀程度(3mm),然后在其表面均匀撒上 1mm 的滑石粉,隔离层采用塑料布,塑料布的接缝方向与顶进方向一致,并黏结牢固。

滑板混凝土浇注前,在箱体边墙两侧安放长 0.7m、50kg 旧轨作为导向墩,在两箱体中间沿纵向顶进方向设活动导向墩,保证箱体的顶进方向。

6.4　箱涵顶进减阻技术

本书相关工程顶程长,箱体结构断面大,顶力大,吃土顶进且属于不停航施工,给顶进施工带来了很大困难。一方面,为保证顺利顶进,需避免土体抱死箱体而无法顶进;另一方面,必须保证涵周土体稳定不至于出现滑行道道面下沉现象而影响飞机滑行。

箱体与土体之间的摩擦属于滑动摩擦,滑动摩擦分为干摩擦和湿润摩擦,而湿润摩擦的前提是滑动面必须是非吸水性材料,工程中钢筋混凝土箱体经过外表面防水、涂蜡之后可以看作与土体之间的摩擦属于湿润摩擦。采取有压注浆法,浆液作为润滑剂,通过调节压力来保持土体稳定和沉降。选用性能参数均优于同类产品的进口化学泥浆。

6.4.1　化学泥浆的选取

经多方调研,该工程使用一种日产化学浆液,性能较好,主要性能特点是黏性能保持长时间不变,遇地下水不分解,不向土中渗透,不干缩结硬,保证了箱涵在停止掘进几天以上总顶推时间 3 个月以上,重新起动时,箱涵不被抱死。箱涵外表四周按间距 3m,箱端距 1.5m 处布管线及单向阀,在箱体的每个中继间处连接一段 5m 长的 440 高压胶管,支路起点端安球阀,以灵活控制注浆部位和注浆量。

泥浆润滑系统按搅拌泵送。泵送压力 0.15～0.4MPa。管道按总管、支管管径 40mm,注浆单向阀组成。工程泥浆降阻效率达 60%～80%,两节涵同时顶需 8000 多吨的顶力,减为 2400 多吨,为顺利顶进成功提供了先决条件。

6.4.2　化学泥浆施工方案

1. 压浆管路布置

压浆管布置如图 6.13 所示,横向管路采用 440mm×4mm 钢管,在箱体两端

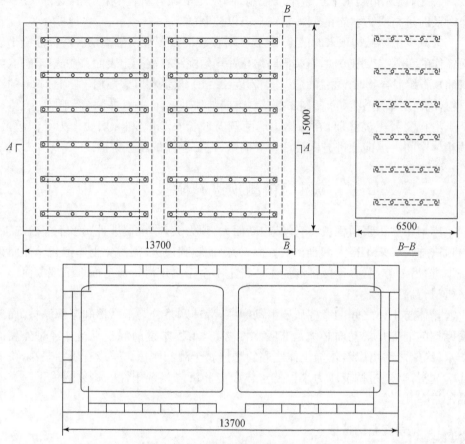

图 6.13　压浆管路布置(单位:mm)

1.5m 处开始布置,间距为 3m。箱体环向处共布置 6 根,其中底板两根,顶板两根,侧墙两根,在每根的端头安置一个铜质球形阀,供注浆时控制浆液量之用。在横向管路间距 1.3m 每处安装一个 $\phi 25mm$ 单向阀,单向阀用丝扣与 425 高压橡胶管连接后与横向管路之间焊接。

纵向管路为总管路,浆液传送到每根横向管路。纵向管路分左右两排,另一端连接到注浆机。纵向管路在横向管路对应的球形阀位置也安设 425 铜质球形阀,以控制浆液供应,在箱体的每个中继间处连接一段 5m 的 440 高压橡胶管,以使在顶进过程中管路伸缩自如。

横向管路铜质球形阀和纵向铜质球形阀之间用 425 高压橡胶管连接。

2. 主要机械设备配置

为保证浆液干净无杂质,保证管道畅通不至于堵管,防止风沙,草屑等吹入浆液内,防止阳光直接暴晒影响浆液质量。注浆设备为两套。主要机械包括奈莫注浆泵、定子、恒压罐、拌浆桶、储浆桶、变频器、漏电保护器、吊车和电焊机等。

3. 施工工艺

施工工艺流程如图 6.14 所示。

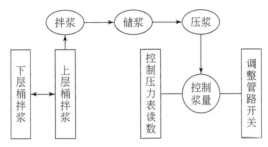

图 6.14 施工工艺流程图

注浆注意事项:

(1)浆液配合比为化学浆:水=1:30~50(质量比)。

(2)注浆压力为 0.1~0.4MPa。

(3)浆液必须拌均匀(无小颗粒)。

(4)拌好的浆液储存在储浆桶内,储存 1h 以上方可使用。

(5)注浆时专人观察压力表,当压力表读数持续上升时停止注浆并稳压。根据箱体前端土体状况和道面沉降观测及时调整注浆压力。

6.4.3 箱涵顶进中继间方案

1. 中继间千斤顶的布置

根据顶力计算,工程中继间南区设 3 组,每组 12 个 500t 千斤顶;北区设 6 组,每组 8~14 个 500t 千斤顶。具体位置如图 6.15 所示。

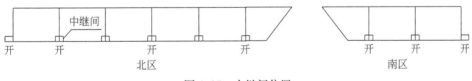

图 6.15 中继间位置

2. 中继间制作

钢护套位于箱体外侧,底板护套钢板一次安装到位,在绑扎钢筋前,应按设计位置安放到位并焊好锚固筋,两侧护套钢板难以一次到位困难且精度难以确定,采用预埋钢板后焊接的方法。箱体拆除外模后,防水层施工前,焊接护套钢板。同样两节箱体在滑板上横移对位后再焊接对位接缝处的护套钢板。

钢插销采用两根 50kg/m 钢轨制作,三边墙各设 3 个。钢插销一端预埋入先施工的箱体坞工结构内,另一端伸出坞工结构外,外露长度为顶程加 20cm(60cm)。后施工一节箱体在相应位置预留孔洞,孔洞内预埋 10mm 厚钢套,钢插销与孔洞留有活动间隙,确保钢插销伸缩自如。

在箱体内各角设置钢搭榫,钢搭榫采用 I45C 工字钢,预埋螺栓每处采用 6 套 ϕ30mmU 形,钢搭榫对位后安装。

计算中继间在底板、顶板和侧墙上设置镐窝,以便调整顶力达到调整方向的目的,镐窝必须满足安放顶镐需要。

为了防止底、顶板混凝土在顶力的作用下局部受压破坏,除加垫钢板外还另设加强配筋。

3. 中继间安装

中继间每处边墙设置三组剪力楔,剪力楔由两根 50kg/m 的钢轨焊成,一端为固定端,与边墙钢筋焊接牢固,另一端为活动端,在边墙内预埋剪力楔盒。剪力楔盒内尺寸比剪力楔外尺寸每边大 3mm。如图 6.16 和图 6.17 所示。剪力楔要求制作尺寸准确,预埋位置不能有偏差。中继间安装构造详图如图 6.18 所示。

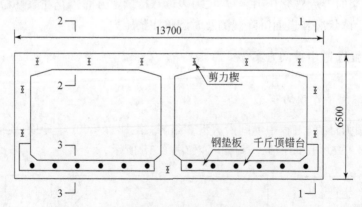

图 6.16　中继间处后节箱涵前端面(单位:mm)

钢搭榫:采用 45C 工字钢,其作用与剪力楔大致相同,设置在每个边墙拐角处,每个中继间共 8 组,每根长 3m,钢搭榫与箱体接触面要求密贴,以便于滑动。顶进时接触面必须涂抹润滑剂。U 形螺栓每组钢搭榫计 8 根,安装位置要求准确,以便于钢搭榫穿梭自如,若安装困难,可将 U 形螺栓从底部切断分成两根安装,然后焊

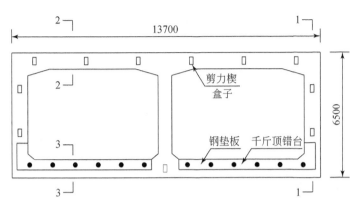

图 6.17　中继间处前节箱涵后端面(单位:mm)

接牢固,如图 6.19 所示。

钢护套要求安装准确,里套和外套必须留出 1.5cm 的活动范围,以供箱体间对位方便,工程施工方案设计外钢套板宽 1m,板厚 14mm;内钢套板宽 50cm,板厚 10mm;外钢套一头用 ϕ25mm 钢筋埋焊固定,钢筋长度 40cm,每组两根,间距 40cm;内钢套用 ϕ12mm 钢筋埋焊固定,钢筋长度 40cm,每组两根,间距 40cm。

镐窝根据千斤顶尺寸设计,后节箱体前端镐窝长 80cm,镶入箱体板 50cm,根据千斤顶尾端尺寸加厚箱体板混凝土。箱体与千斤顶尾端和前端接触面处加垫一块钢板,板厚为 25cm。镐窝处箱体内另配加强筋和架立筋。

4. 中继间箱涵顶进

首节顶进:开启中继间顶镐将首节涵刃脚顶入土中,开启后节中继间将第二节涵顶进一镐。中继间每次顶进 20cm 后回镐,开启末端顶镐,中继间顶死后,末端顶镐不回镐,再次开动中继间,中继间顶两镐,末端顶镐顶一镐,换一次顶铁。千斤顶布置在底部,由剪力楔把前后箱体连成一个整体,使其保持平衡顶进,但根据受力分析计算,底部、顶板及侧墙均需布置千斤顶,而滑板上尾端箱体顶部及侧墙布置千斤顶困难,主要靠底部千斤顶顶进,当开起已入土箱体顶进时,后端滑板上的箱体因此受力不平衡使前端翘起,所以在顶进过程中一定要注意观察,发现问题应立即采取措施。

当两节箱体全部入土,但未脱离滑板时,进行后两节横移对位,两节同时横移,当前后两节中线相差约 30cm 时,进行前后端交替横转对位,等中线重合后再纵向对接。连接安装钢搭榫、剪力楔等中继间设施,继续纵顶。横移对位期间主要通过调整顶镐来控制方向。

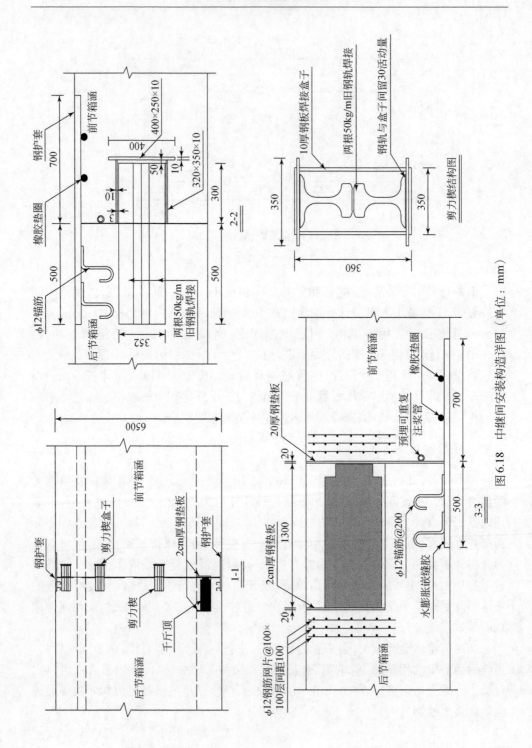

图 6.18 中继间安装构造详图（单位：mm）

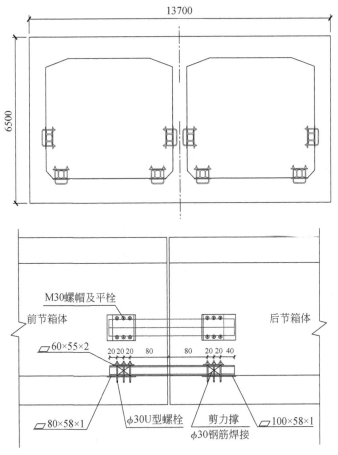

图 6.19　钢搭榫布置图(单位:mm)

6.5　地表沉降控制技术

6.5.1　影响地面沉降的主要因素

通过工程经验以及长期监测的数据,可以得知箱涵顶进施工过程中地面沉降主要影响因素有:

(1)箱涵覆土厚度。

(2)箱涵外部尺寸。

(3)地层物理力学性质。

(4)顶进过程中注浆压力大小。

(5)施工条件。

(6)地下水位变化等。

6.5.2　地表沉降预测分析

1. 管棚施工、小导洞开挖引起的地表变形

管棚的施工步序见表 6.1。

表 6.1　管棚施工步序

工况介绍	大管棚施工(共 23 根)	灌注混凝土
工况步骤	工况一:1、4、7、10、13、16、19、22 号管依次跳打	工况一:依次灌注
	工况二:2、5、8、11、14、17、20、23 号管依次跳打	工况二:依次灌注
	工况三:3、6、9、12、15、18、21 号管依次跳打	工况三:依次灌注

小导洞开挖分为三步(掌子面各相距 20m):洞 1 开挖;洞 1、洞 2 同时开挖;洞 1、洞 2、洞 3 同时开挖。

采用二维有限元结合理论计算公式进行地面变形计算,计算区隧道横向为 100m,上表面取为天然地面,下表面取至箱涵底部底约 37m,共 50m 厚。总体坐标以向上 y 轴正向,从工作坑指向管棚 z 轴正向,x 轴正向根据右手准则确定。所有边界条件均为位移边界条件。其中模型上表面为自由边界,下表面 y 方向位移固定,左右边界 x 方向位移固定。计算网格如图 6.20 所示。模型网格划分共得到 4962 个单元,4010 个节点。模型中,土体采用平面 4 节点实体单元模拟,管棚和小导洞内支撑均采用梁单元模拟。

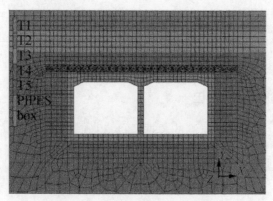

图 6.20　箱涵顶进施工计算网格

　　经计算,地表沉降曲线如图 6.21 所示,管棚施工引起的地表变形较小,最大下沉仅 1mm 左右,下导洞开挖以后地表下沉亦可控制在 8mm 以内。

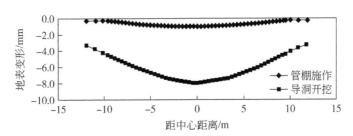

图 6.21　管棚施作和导洞开挖引起的地表变形曲线

2. 箱涵推进中地表变形

采用两种方法进行计算。

1)弹性地基梁理论计算箱涵推进引起地表沉降

箱涵顶进引起道间沉降如图 6.22 所示,地基梁计算简图如图 6.23 所示。计算变形最大的工况,即开挖面严重超挖工况,土体沿着滑裂面滑动而形成主动状态。

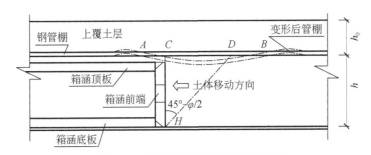

图 6.22　箱涵顶进引起道面沉降示意

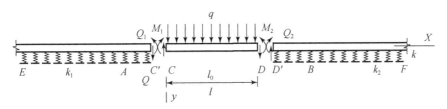

图 6.23　箱涵顶进引起道面沉降示意

在最不利条件下,管棚挠度曲线如图 6.24 所示。由假设条件可知,箱涵推进中地表最大沉降量为 25.2mm。可见,若施工中适当控制超挖量,能控制地表沉降小于 25.2mm。

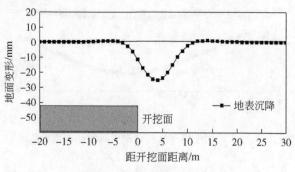

图 6.24　管棚挠度曲线

2)箱涵顶进引起地表沉降预测分析

箱涵顶进施工计算网格划分如图 6.20 所示。箱涵顶进土体超挖情况下,地表变形如图 6.25 所示,可见箱涵中心最大沉降为 23.5mm,和现场实测结果较为吻合。

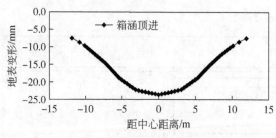

图 6.25　地表下沉变形曲线

采用二维有限元对管棚施作、小导洞开挖产生的地表变形进行了模拟,沉降量约为 8mm,采用理论计算和有限元模拟均表明,箱涵顶进中最不利状态下的地表沉降量不超过 30mm,可满足规定的地表沉降控制标准。

6.5.3　主要沉降控制方法

(1)道面布网,用精密水准监测沉降,将每个控制点的时态沉降。T-S 曲线与涵端至点距离 L 相关联,画 T-S-L 图,以找出需要注浆的部位,预测前方可能发生的沉降值。

(2)洞内综合控制措施主要有:①严格吃土顶进;②确保两刃脚侧板外侧不塌空;③确保掌子面不发生露管棚,露刃脚的大塌方;④涵前端底板不能超挖;⑤注浆调压与保压。

　　(3)管棚应力,应变量测。

　　(4)涵背土压力量测。

　　(5)局部在道面外地面注浆加固防沉降。

第 7 章　道面沉降监测方法及结果分析

7.1　道面沉降监测目的及控制标准

7.1.1　监测的目的

隧道工程信息化施工主要是以现场量测为手段的一种设计、施工方法,这种方法的最大特点是可在施工时一边进行隧道围岩变形及受力状态的各种量测,一边把量测的结果反馈到设计、施工中,从而最终确定施工方法、开挖顺序和支护参数,使设计、施工更符合现场实际。由于这种方法以现场实测为依据,可以获取控制围岩稳定性的宏观信息,有助于人们进行科学判断,从而最大限度地实现安全性和经济性的统一,更能适应复杂多变的地质条件和各种不同的施工条件,因此比工程类比及理论计算方法更为可靠。

本书相关工程监测的重点是不停航及跑道起落安全,以及明挖基坑主体构施工和周边环境安全。进行施工监测的主要目的和意义如下:

(1)为工程施工提供及时的反馈信息。

(2)及时掌握跑道变形情况,对可能出现的险情和事故提出警报;确保飞机起落安全。

(3)通过施工监测收集大量的位移、受力数据,并及时将数据加以分析、处理,对施工质量和结构安全做出综合判断,以指导后续施工,真正实现信息化施工。

(4)通过施工监测,掌握结构实际状态的变形和受力状况,以利于修正设计,实现动态设计,并为以后同类工程的设计和施工积累经验。

7.1.2　沉降控制标准

监控量测控制标准应该严格根据相关规范要求及理论分析结果、类似工程经验和现场实际状况共同确定。不同的监测项目和内容应该分别制定标准,根据工程在不停航条件下暗挖隧道施工的特殊性,制定如下监控测量标准:

中央跑道沉降控制在 30mm 以内,其中管幕施工阶段控制在 10mm 内,在暗挖施工阶段沉降控制在 18mm 以内;在二衬结构衬砌施工阶段控制在 24mm 以内,在气候的结构变形和土体固结累计沉降控制在 30mm 以内。隧道施工时洞顶沉降控制在 30mm 以内;拱腰侧移收敛控制在 30mm 以内,速率应小于 1mm/d,确保施工安全。

按照《国际民航公约》(附件十四)《机场》(第三版),道面沉降控制标准为:跑道道面相邻两个坡度的变化不大于 1.5‰,从一个坡度过渡到另一个坡度最小曲率半径为 30000m;滑行道道面从一个坡度过渡到另一个坡度最小曲率半径为 3000m。具体见表 7.1。

表 7.1　沉降控制指标

部位	正常开航	黄色警告	橙色警告	红色警告
土体或隧道	$h<28mm$	$28{\leqslant}h{\leqslant}34mm$	$34{\leqslant}h{\leqslant}40mm$	$h>40mm$
	$t<2mm/d$			$t>2mm/d$
道面	$h<21mm$ 或 $s{\leqslant}0.7‰$	$21{\leqslant}h{\leqslant}26mm$ 或 $0.7‰<s{\leqslant}0.85‰$	$26{\leqslant}h{\leqslant}30mm$ 或 $0.85‰<s{\leqslant}1‰$	$h>30mm$ $s>1‰$

注:h 为累计沉降量;t 为沉降速率;s 为曲率。

7.2　飞机跑道沉降监测方法

在不停航条件下,除航空器外任何物体不得进入跑道区,即跑道中心线两侧各 150m 范围内,如何实现跑道沉降实时监控,确保航空器安全起降是关键。

1. 远距离沉降非接触量测方法

在繁忙的飞机起降过程中,对飞机跑道沉降进行远程监测,采用的方法是智能化全站仪在跑道外进行自动对点扫测,测点为在跑道面上间隔 5m 的飞机的网格交叉点,反射点为交叉点上粘贴布置的反光片。实时扫测数据自动存储,定时传至控制电脑主机,利用软件对道面的沉降数据进行系统分析,自动画出纵横向沉陷槽并生成三维沉陷面,为分析和决策飞机能否安全开航提供依据。测量反光点的反射贴片如图 7.1 所示,智能化全站仪如图 7.2 所示。

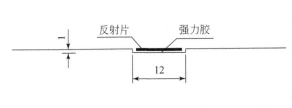

图 7.1　道面反射贴片安装(单位:mm)

图 7.2　智能化全站仪

　　智能化全站仪可采用徕卡 TCRP1201＋,如图 7.3 所示,它将高精度、多功能精巧地集成在一起。为了进一步提高望远镜的性能,徕卡 TCRP1201＋中的单个激光二极管既用于有棱镜距离测量,也用于无棱镜距离测量,独特的光机技术和新型的激光二极管,使激光光斑在小尺寸、圆形形状、光束传播、可见性等方面具有更好的几何特性。这些特性有利于进一步改进距离测量的性能,使之对墙角、小边缘目标的无棱镜距离测量更加准确可靠。徕卡 TCRP1201＋精度为 1s,150m 的高度误差按式(7.1)计算约为 0.7mm。

图 7.3　徕卡 TCRP1201＋

$$\Delta = L\sin1''\qquad(7.1)$$

式中:Δ 为高程误差,mm;L 为距离,mm;$1''$为误差。

2. 数字视频的隧道收敛变形监测系统

洞内监控量测除采用常规的精密水准仪、收敛仪之外,为了实现实时非接触智能化、信息化监测,研发了一套视频监测系统。

监测系统原理是:在隧道拱顶或拱腰安装固定光靶,在隧洞的底部栽杆,在杆顶安装视频采集电荷耦合元件(charge-coupled device,CCD)工业摄像机。将摄像机拍到的视频进行图像分析和处理,求得光靶的形心坐标,比较前后所拍的图像的变化得到位移值。用无线网络将数据传至控制计算机,自动进行沉降、收敛曲线的绘制。监测系统如图 7.4～图 7.6 所示。

图 7.4　视频监测仪器　　　　　　　　图 7.5　视频监测光靶

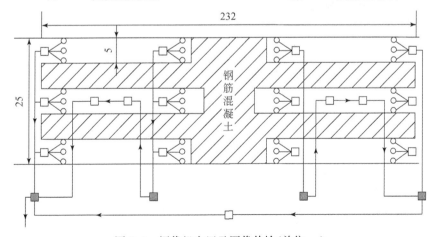

图 7.6　摄像机布置及图像传输(单位:m)

7.3　飞机跑道沉降监测结果分析

7.3.1　跑道面监测断面及测点布置

　　本次试验共布置 6 个断面,用字母 DM 表示断面,断面标号分别为 DM1、DM2、DM3、DM4、DM5 和 DM6,如图 7.7 所示。由现场统计可知,飞机轮间距一般为 6～15m,考虑大型飞机 A380 和波音 747 的轮间距影响,为确定飞机动荷载作用下对于地表沉降的影响,在中央跑道中心线附近位置设置 3 个断面,里程为 GK0+620.626、GK0+613.126、GK0+605.626,断面标号为 DM4、DM5 和 DM6,断面间距为 7.5m。静荷载作用下布置 3 个断面,距离东区工作井初始设计里程 10m,里程分别为 GK0+744.559、GK0+738.559、GK0+732.559 进行对比试验,断面编号为 DM1、DM2、DM3,断面间距为 6m,具体明细见表 7.2。

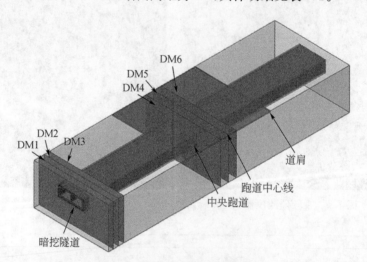

图 7.7　地表沉降断面布置立面图

表 7.2　地表沉降对比试验明细

静荷载作用试验断面			动荷载作用试验断面		
断面编号	里程	断面间距/m	断面编号	里程	断面间距/m
DM1	GK0+744.559	7.5	DM4	GK0+620.626	6
DM2	GK0+738.559	7.5	DM5	GK0+613.126	6
DM3	GK0+732.559	7.5	DM6	GK0+605.626	6

注:断面间距为两相邻试验断面间距离。

　　跑道面底距暗挖隧道顶面距离约为 8m,隧道高约为 10m,以隧道中心线为中心对称布置地表沉降测点,一个断面共布置 11 个测点,测点总距离为 74m,大于隧道沉降影响范围。本次试验从东向西共布置 6 个横断面,从北向南共布置 12 个断面,测点依照跑道中心线对称布置,从北向南和跑道中心线距离分别为 29.6m、19.6m、14.6m、9.6m、4.95m、0m、4.85m、9.4m、14.4m、19.4m、29.4m。测点编号依次为 DX-1、DX-2、DX-3、DX-4、DX-5、DX-6、DX-7、DX-8、DX-9、DX-10、DX-11。其中测点标号 DX-Y 含义为第 X 横断面,第 Y 个测点,具体布置如图 7.8 和图 7.9 所示。

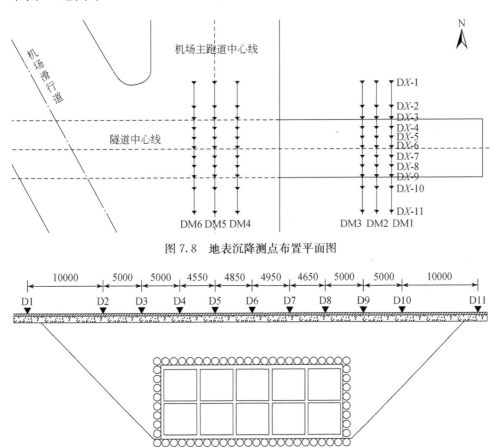

图 7.8　地表沉降测点布置平面图

图 7.9　地表沉降量测布置立面图(单位:mm)

7.3.2　道面沉降监测结果

静荷载作用下暗挖隧道共布置 3 个试验断面,即 GK0＋744.559、GK0＋738.559、GK0＋732.559,对地表沉降进行了监测,并将先期沉降值、开挖面沉降、通过沉降、后期沉降的监测数据列于表 7.3～表 7.5。

表 7.3　GK0+744.559 断面地表沉降统计表

测点编号	先期沉降	开挖面沉降	通过沉降	后期沉降	累计沉降
D1-1	−1.32	−0.98	−0.81	−0.24	−3.35
D1-2	−2.45	−1.31	−0.92	−0.10	−4.78
D1-3	−1.98	−2.35	−2.21	−0.78	−7.32
D1-4	−3.13	−4.4	−0.46	−0.28	−8.27
D1-5	−3.11	−3.81	−1.89	−0.64	−9.45
D1-6	−3.22	−5.12	−1.03	−0.15	−9.61
D1-7	−3.21	−3.45	−1.55	−0.37	−8.58
D1-8	−2.14	−4.4	−1.13	−0.19	−7.86
D1-9	−1.27	−2.52	−2.46	−0.51	−6.76
D1-10	−1.31	−1.52	−1.41	−0.62	−4.86
D1-11	−0.97	−1.12	−0.91	−0.24	−3.24

注:表中负值表示地表沉降,正值表示为地表隆起,表中数值单位为 mm。

表 7.4　GK0+738.559 断面地表沉降统计表

测点编号	先期沉降	开挖面沉降	通过沉降	后期沉降	累计沉降
D2-1	−1.11	−1.21	−0.61	−0.22	−3.12
D2-2	−1.65	−1.23	−1.38	−0.32	−4.58
D2-3	−1.89	−2.76	−1.65	−0.46	−6.76
D2-4	−2.37	−3.94	−0.72	−0.29	−7.32
D2-5	−2.55	−3.37	−1.76	−0.44	−8.12
D2-6	−2.58	−3.71	−1.46	−0.68	−8.43
D2-7	−3.31	−3.35	−1.45	−0.27	−8.38
D2-8	−2.23	−4.31	−1.32	−0.27	−7.59
D2-9	−1.38	−2.45	−2.46	−0.13	−6.42
D2-10	−1.36	−1.50	−1.27	−0.15	−4.31
D2-11	−1.12	−1.36	−0.89	−0.20	−3.57

注:表中负值表示地表沉降,正值表示为地表隆起,表中数值单位为 mm。

表 7.5　GK0+732.559 断面地表沉降统计表

测点编号	先期沉降	开挖面沉降	通过沉降	后期沉降	累计沉降
D3-1	−1.15	−1.23	−0.72	−0.32	−3.42
D3-2	−1.73	−1.43	−1.69	−0.57	−5.42
D3-3	−2.21	−2.48	−1.79	−0.50	−6.98

续表

测点编号	先期沉降	开挖面沉降	通过沉降	后期沉降	累计沉降
D3-4	−2.59	−3.73	−1.61	−0.85	−8.78
D3-5	−2.78	−4.76	−1.82	−0.22	−9.58
D3-6	−2.61	−4.70	−1.42	−1.08	−9.81
D3-7	−2.59	−4.94	−1.59	−0.58	−9.70
D3-8	−2.35	−4.19	−1.76	−0.22	−8.52
D3-9	−1.44	−2.43	−1.82	−0.28	−5.97
D3-10	−1.74	−1.52	−1.25	−0.16	−4.67
D3-11	−1.07	−1.12	−0.36	−0.32	−2.87

注:表中负值表示地表沉降,正值表示为地表隆起,表中数值单位为 mm。

7.3.3　跑道面沉降结果分析

1. 静荷载作用下跑道面沉降结果分析

浅埋暗挖法引起的地表沉降通常用沉降槽表示,故由表7.3~表7.5中累计沉降值绘制地表沉降槽曲线,如图7.10~图7.12所示。同时,绘制静荷载作用试验断面地表沉降对比曲线如图7.13所示。为分析隧道施工开挖对地表沉降的影响,绘制地表沉降时程曲线如图7.14所示。

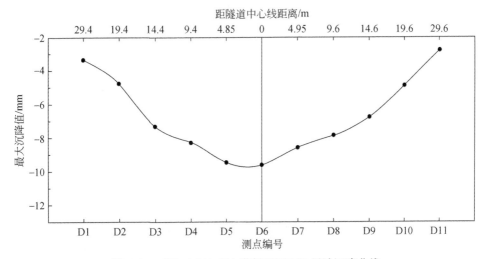

图 7.10　GK0+744.559 横断面(DM1)累计沉降曲线

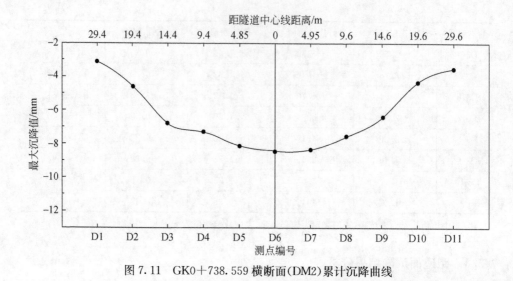

图 7.11　GK0＋738.559 横断面(DM2)累计沉降曲线

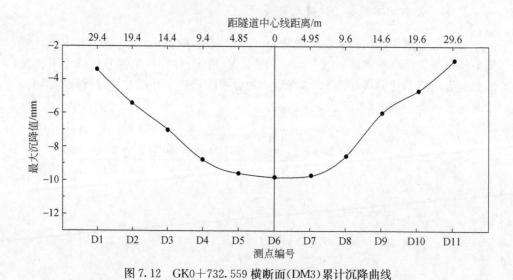

图 7.12　GK0＋732.559 横断面(DM3)累计沉降曲线

由上述沉降曲线可以得出以下结论。

(1)将暗挖隧道跑道开挖影响范围外测点的地表沉降-时间曲线绘制如图 7.14 所示。由图分析可知,在监测初期的一段时间地表沉降值都有些许降低,而在 2012 年 7 月 21 日左右地表沉降均有较为明显的变化,结合施工工况可知,当日北京经历 61 年一遇大暴雨,在强降水的影响下地表沉降值有所增加。

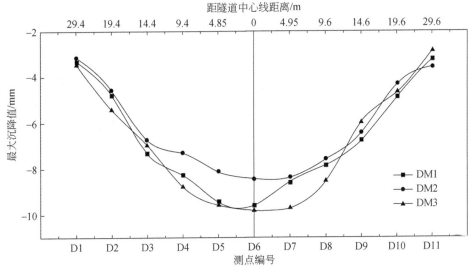

图 7.13　静荷载作用横断面地表沉降对比曲线

（2）通过现场监测绘制的测点-沉降时程曲线可看出横向沉降槽的影响范围较小，经计算可知暗挖隧道地表沉降影响范围约为 31.77m，在距隧道中线一倍洞径处的 D1、D11 测点地表累计沉降是中线处的 50% 左右。根据监测资料北 1 导洞开挖及南 1 导洞开挖时对测点的地表沉降几乎没有影响，由此验证地表沉降影响范围计算正确。

（3）各研究断面的地表沉降值均在允许范围内。根据相关规范要求及理论分析结果和类似工程经验、现场实际情况，工程地表沉降值监控标准如下所示：中央跑道沉降控制在 30mm 以内，其中管幕施工阶段沉降控制在 10mm 内，在暗挖施工阶段沉降控制在 18mm 以内；二衬结构施工阶段沉降控制在 24mm 以内，在气候的结构变形和土体固结期间累计沉降控制在 30mm 以内。根据实际检测结果，在累计最大检测时间段内（140 天内），静荷载作用下地表最大沉降值为 9.81mm，位于 DM3 试验断面 D6 测点。

（4）通过静荷载作用下测点-地表最大沉降曲线对比分析可知，试验断面 DM1、DM2 和 DM3 的测点-沉降最大值曲线表现出较为一致的规律性，即远离隧道中心线位置测点 D1、D11 测点地表沉降值较小，累计沉降量仅为 2.87～3.57mm。而地表沉降最大值都发生在隧道中心线位置 D6 测点，累计沉降量为 8.43～9.61mm。因为 3 个试验断面都远离飞机荷载作用影响范围，因此能较好地反映静荷载作用下暗挖隧道的沉降变形规律。

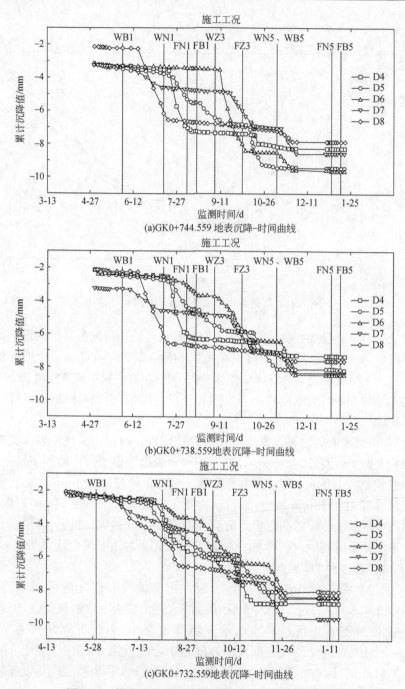

图 7.14　静荷载作用试验断面测点-地表沉降时程曲线

WB1:开挖北 1 导洞；WN1:开挖南 1 导洞；WZ3:开挖中 3 导洞；WN5:开挖南 5 导洞；WB5:开挖北 5 导洞；

FN1:封闭南 1 导洞；FB1:封闭北 1 导洞；FB5:封闭北 5 导洞；FN5:封闭南 5 导洞

2. 飞机动荷载作用下跑道面沉降结果分析

浅埋暗挖法引起的地表沉降通常用沉降槽表示,如图 7.15～图 7.17 所示。同时绘制动荷载作用试验断面地表沉降槽对比曲线如图 7.18 所示。为分析隧道施工开挖对地表沉降的影响,绘制动荷载作用试验断面测点-地表沉降时程曲线如图 7.19 所示。

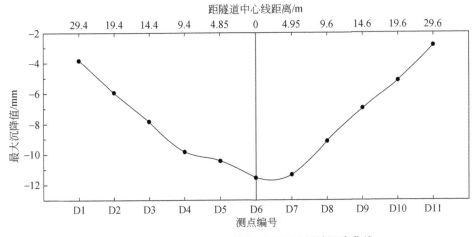

图 7.15　GK0+620.626 横断面(DM4)累计沉降曲线

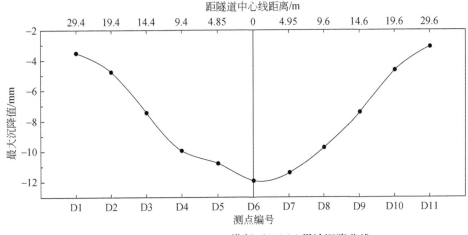

图 7.16　GK0+613.126 横断面(DM5)累计沉降曲线

由上述沉降曲线可以得出:

(1)实际监测结果显示,在累计最大检测时间段内(140 天内),动荷载作用下地表最大沉降值为 11.98mm,位于 DM5 试验断面 D6 测点,此测点地表沉降未超

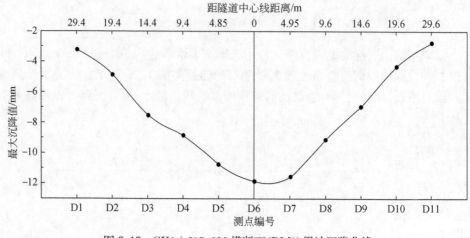

图 7.17　GK0+605.626 横断面(DM6)累计沉降曲线

出控制标准(管幕施工阶段控制在 10mm 内,暗挖施工阶段沉降控制在 18mm 以内)。

(2)通过动荷载作用下测点-地表最大沉降曲线对比分析可知,试验断面 DM3、DM4 和 DM5 的测点-沉降最大值曲线表现出较为一致的规律性,即远离隧道中心线位置测点 D1、D11 地表沉降值较小,累计沉降量仅为 2.77~3.82mm。而地表沉降最大值都发生在隧道中心线位置测点 D6,累计沉降量为 11.52~11.98mm。3 个试验断面都在飞机动荷载作用影响范围内,因此能较好地反映动荷载作用下暗挖隧道的沉降变形规律。

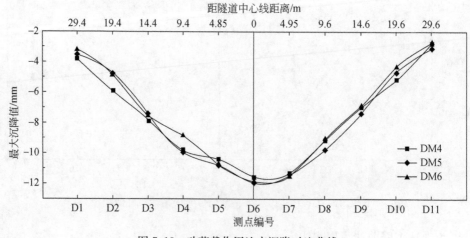

图 7.18　动荷载作用地表沉降对比曲线

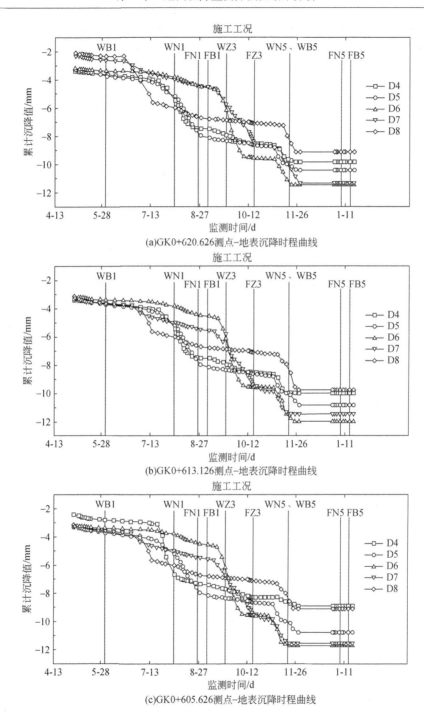

图 7.19　动荷载作用试验断面测点-地表沉降时程曲线

WB1:开挖北 1 导洞;WN1:开挖南 1 导洞;WZ3:开挖中 3 导洞;WN5:开挖南 5 导洞;WB5:开挖北 5 导洞;

FN1:封闭南 1 导洞;FB1:封闭北 1 导洞;FB5:封闭北 5 导洞;FN5:封闭南 5 导洞

（3）由于本书相关工程的特殊性，即在不停航条件下的暗挖隧道施工及机场的特殊性，地表沉降的监测仅能在夜间停航的间歇时间内进行，因此可供操作的时间较为短暂（约为 4h），加之可视性和人工操作误差的影响，数据的记录具有一定的离散性，但通过对试验断面 DM3、DM4 和 DM5 的地表沉降统计表分析，仍具有以下特点：在隧道开挖影响范围外的测点 D1、D11 测点基本不受隧道开挖施工的影响，其先期沉降值、开挖面沉降值、后期沉降值差异不大；另外，最终沉降值远小于其他测点。

7.4　滑行道沉降监测结果分析

7.4.1　滑行道面监测断面及测点布置

进行监控量测时，沿箱涵顶进方向，在箱涵宽度以及两侧各 5m 的范围内，布置地面沉降标，利用精密水准测量，实施地面沉降的实时监控。初始测试必须在工作坑开挖和管棚施工前进行。施工期测试频率根据顶进施工进度确定，顶进过程中一般两天一次，其他时间可适当延长。遇井点降水、管棚施工的影响，地面沉降的工序都要增加沉降监测次数。施工结束后宜进行时间不短于一个月的监测，监测频率为十天一次，直至地面沉降趋于稳定。

测点控制网布置沿顶进位置布置，箱涵两侧各外延 5m，测点布置如图 7.20 所示。考虑到要保证滑行道在施工期间和工后的正常使用，因此选择分析的典型断面主要为位于滑行跑道下及其附近的几个监测断面：K0＋431.8、K0＋442.0、K＋0452.0、K0＋462.2、K0＋472.2、K0＋482.4、K0＋492.6。

7.4.2　滑行道面沉降结果分析

1. 管棚施工阶段滑行道面沉降分析

对处于轮压区的典型断面处于析断面（SC9～SC13 监测点）、K0＋462.2 断面（SC24～SC28 监测点）以及 K0＋472.2 断面（SC29～SC33 监测点）在管棚施作阶段的实测沉降值进行分析（监测数据截至 4 月 21 日）。

（1）由 2 月 4 日～4 月 21 日 K0＋431.8 断面、K0＋462.2 断面以及 K0＋472.2 断面的沉降变化曲线图（图 7.21～图 7.23）可以看出，管棚施工引起的地面沉降并无明显规律，主要与管棚施工工艺有关，其中与高压水冲击开挖钻孔、钻孔方位控制和注浆压力有直接关系。冲击超挖则局部沉降；校正钻孔方位既可引起局部沉降也可引起局部隆起；注浆压力对变形影响最为敏感，压力过大，超过上覆土自重压力，则引起局部隆起。

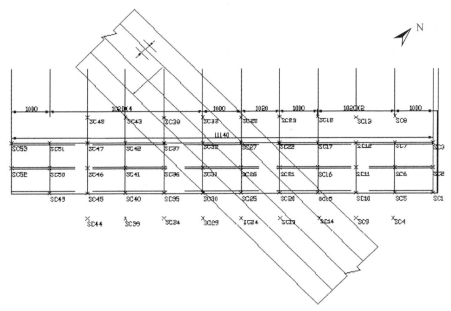

图 7.20　沉降监测控制网布置及测点编号

（2）由 K0＋431.8 断面沉降变化曲线图（图 7.21）可以看出，SC10、SC11 监测点在 4 月 21 发生突然隆起，其原因是注浆压力过大。幸好该断面位置在便道上，离滑行道较远，且注浆压力下降后，有一定的回落，没有产生不良后果，而且对后续施工提供了警示作用，即必须严格控制注浆压力。测试表明，管棚施作工程中不会出现突然沉降的现象。

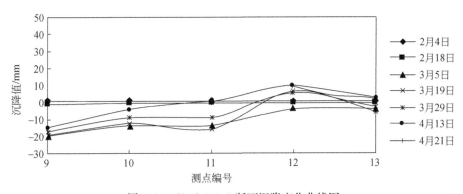

图 7.21　K0＋431.8 断面沉降变化曲线图

（3）4 月 21 日井点降水和管棚施工完成后，各个测试点的沉降三维图如图 7.24 所示，该图形象地表示了测点的沉降情况。从图 7.24 可以看出，管棚施工完成后，箱涵开始顶进时,北区管棚有个别监测点出现隆起现象,而滑行道以南大部分监测点出现沉降。结合现场情况分析,主要是南区有一条电缆沟和一条雨水沟,管棚施工时为了避开电缆沟和雨水沟,南区管棚出现标高低于设计标高的现象,管棚在拉管时产生以飞机滑行道中心为中心点的扭矩,引起北区个别监测点隆起。

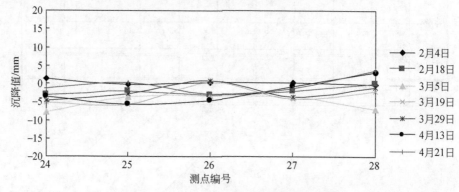

图 7.22　K0+462.2 断面沉降变化曲线图

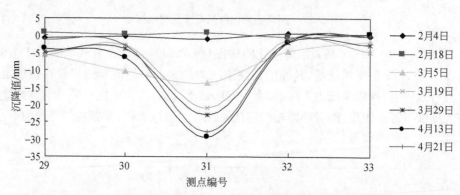

图 7.23　K0+472.2 断面沉降变化曲线图

2. 箱涵顶进阶段滑行道面沉降分析

箱涵顶进开始时,小导洞、管棚、掌子面加固以及井点降水等施工已经完成,可以把箱涵前方的土体看作一个稳定体,即箱涵顶进之前土体稳定。故研究箱涵顶进过程的施工工艺对地面沉降的影响,不考虑顶进前的地表沉降,只研究顶进施工过程中及其施工完成后对地表沉降的影响,本节中研究地表沉降时以 4 月 21 日箱涵顶进开始时地表高程作为沉降基准。本节中所有三维图和曲线图都以 4 月 21 日地表高程为基准。

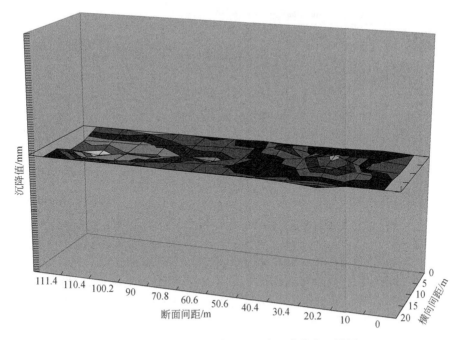

图 7.24　管棚施工结束后的地表沉降分布三维图

1)箱涵顶进逐步接近研究断面时地表沉降变化

箱涵顶进过程中逐步接近研究断面时地表沉降变化曲线如图 7.25 和图 7.26 所示。

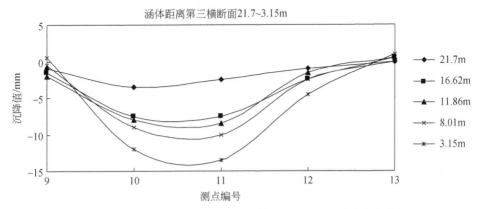

图 7.25　箱涵逐渐接近 K0+431.8 断面时的地表沉降变化曲线图

通过对顶进过程中 K0+431.8、K0+472.2 断面监测点沉降值的分析可得,在一般情况下,箱涵在通过该断面之前,该断面上的监测点都发生沉降,主要原因是管棚施工产生的后续沉降。当箱涵通过该断面时,由于前方钢刃角作用以及润滑

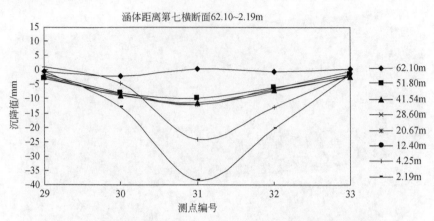

图 7.26　箱涵逐渐接近 K0＋472.2 断面时的地表沉降变化曲线图

泥浆的注浆压力大小不均匀,地面会产生瞬时隆起,该隆起一般持续 3 天,之后该断面会继续下降,直至箱涵通过该断面 10m 左右,沉降达到最大值,此时沉降趋于稳定,假设此时沉降值超过允许范围,需进行边顶进边注浆以及顶进完成之后的二次注浆,以便达到沉降修复的目的。

2)箱涵顶进施工阶段不同时期横断面的地表沉降变化

顶进施工阶段不同时期地表沉降如图 7.27 和图 7.28 所示。

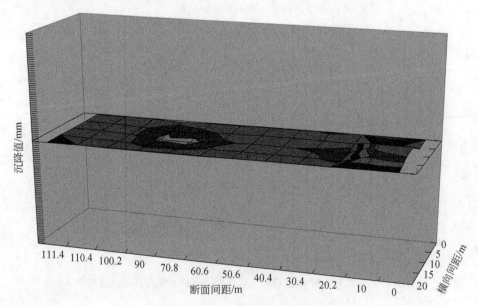

图 7.27　5 月 14 日地表沉降三维图

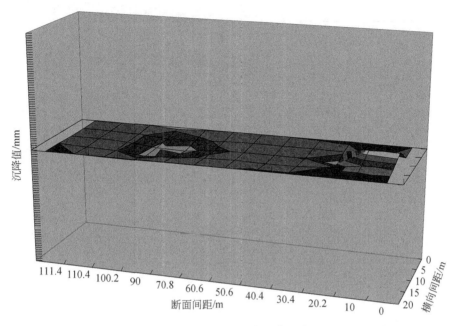

图 7.28　5 月 28 日地表沉降三维图

箱涵顶进过程中不同时期 K0＋442.0、K0＋452.0、K0＋462.2 断面处地表沉降变化如图 7.29～图 7.31 所示。

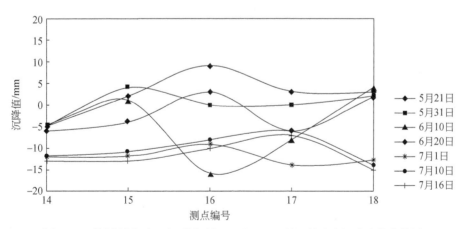

图 7.29　箱涵顶进过程中不同时期 K0＋442.0 断面处地表沉降变化曲线图

根据观测到的每个断面上各个测点的沉降值,画出测量断面沉降曲线。通过断面沉降曲线,得出如下规律:

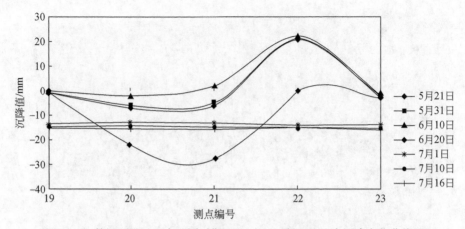

图 7.30　箱涵顶进过程中不同时期 K0+452.0 断面处地表沉降变化曲线图

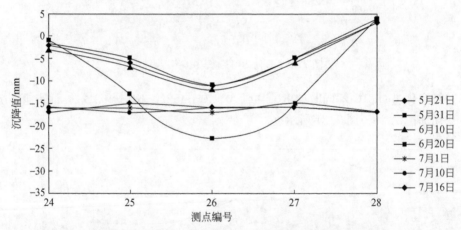

图 7.31　箱涵顶进过程中不同时期 K0+462.2 断面处地表沉降变化曲线图

(1)在测量断面之前大约 3m 之前,各个测点的沉降值基本相同,即发生整体隆起或下沉。

(2)当箱涵通过断面 10m 以后,沉降值增加变小,这说明从这以后箱涵的顶进对该断面的影响不大。

(3)沉降值增加最快的点一般在箱涵前端位于该断面之前 3m 以及通过该断面 10m。在这段距离内,产生的沉降值最大。因此,在该区间要加强观测,以防发生较大的沉降和隆起。

(4)在箱涵顶进过程中,由于其他因素的影响(如注浆压力过大),地面位移会发生反弹,这一点从箱涵通过 K0+431.8 断面沉降曲线图中可以很直观看出。

　　(5)箱涵在达到测量断面 3m 之前及通过该断面 10m 之后,该断面由箱涵顶进引起的位移变化很小,主要是由于管棚施工和注浆之后引起的后续沉降。

　　(6)沉降最大值一般发生在与箱涵中心线对应的地面点,一般情况下满足正态分布。

　　3)箱涵顶进施工阶段不同时期纵断面的地表沉降变化

　　取箱涵顶进的中轴线上监测点为研究对象,此纵断面在不同时期的地表沉降变化曲线如图 7.32 所示。

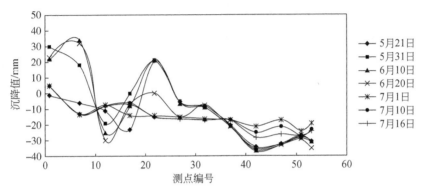

图 7.32　不同时期箱涵中轴线上不同时期监测点地表沉降变化曲线图

3. 箱涵顶进完成后滑行道面沉降分析

　　根据监测资料,截至 8 月 16 日,地表沉降已基本趋于稳定。位于滑行跑道下及其附近的几个监测断面 K0＋431.8、K0＋442.0、K0＋452.0、K0＋462.2、K0＋472.2、K0＋482.4 的最终沉降曲线如图 7.33～图 7.38 所示。

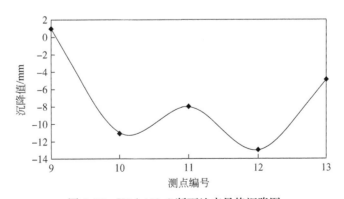

图 7.33　K0＋431.8 断面地表最终沉降图

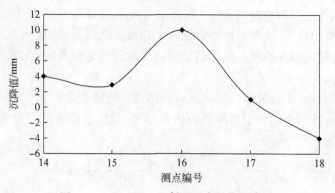

图 7.34　K0＋442.0 断面地表最终沉降图

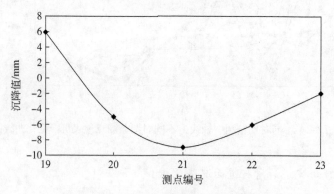

图 7.35　K0＋452.0 断面地表最终沉降图

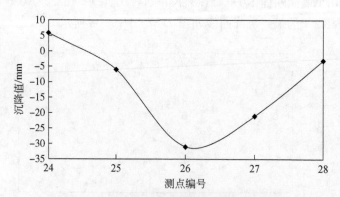

图 7.36　K0＋462.2 断面地表最终沉降图

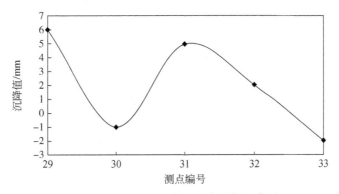

图 7.37　K0+472.2 断面地表最终沉降图

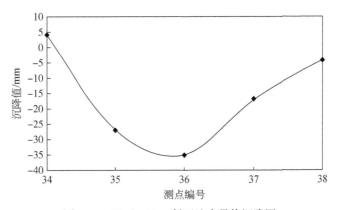

图 7.38　K0+482.4 断面地表最终沉降图

4. 箱涵中轴线上滑行道面沉降分析

由于在开挖中,影响测点沉降值的关键因素是箱涵的推进距离,因此绘出沉降速率柱状图(图 7.39 和图 7.40)。图中的速率是指箱涵每推进 3m,在测量断面中心点产生的沉降。

图中负距离表示箱涵已经通过该断面,速率为负表示测点发生下沉,正号表示隆起,从 K0+442.0、K0+462.2 断面中心监测点的沉降速率直方图可得出:

(1)箱涵在距离该断面 3m 以前,沉降速率较小,一般介于 -1.0~1.0mm/3m。

(2)沉降速率一般在通过测量断面后大约 10m,会出现地面反弹,逐渐升高现象,此时沉降速率一般介于 4.0~5.0mm/3m。由于注浆压力过大,地面出现逐步隆起现象,但由于注浆材料体积收缩率比较大,因此一段时间后地面重新回落。

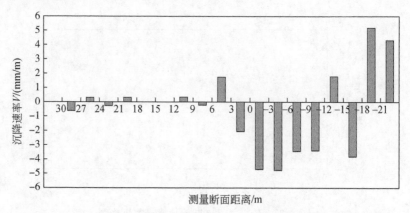

图 7.39　K0＋462.2 断面中心点沉降速率

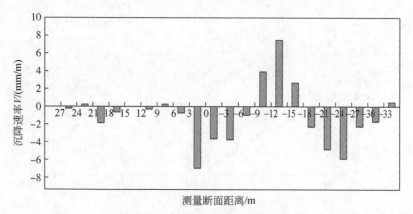

图 7.40　K0＋442.0 断面中心点沉降速率

（3）当箱涵通过某段时，对该断面的位移影响很大，此时沉降速率较大。一般在在某个位置，沉降达到最大值。

5. 滑行道面最大沉降分布

通过观察各断面中心点最大沉降值（图 7.41）可知，北区起点最大沉降最小，在 K0＋462.2、K0＋472.2、K0＋482.4 断面中心点的沉降值出现增大的现象。结合现场实际情况分析，北区起点位置处，为了防止箱涵出现"扎头"现象，滑板实际高程高于该相应位置的设计高程，而在 K0＋462.2、K0＋472.2、K0＋482.4 断面位置处是飞机滑行通过的区域，由于飞机的重量比较大，最重达 400t，因此该区段沉降值出现增大。图 7.41 中虚线为无飞机通过时，即排除飞机动荷载作用下理论沉降曲线。

K0＋462.2、K0＋472.2、K0＋482.4 断面超过 3cm。但这种超限持续时间较

短,没有造成不利影响。一般在监测到超限以后,马上通过改变注浆压力、改变箱涵仰角等措施,在一天左右的时段内纠正过来。

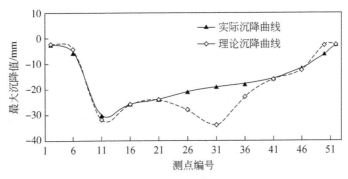

图 7.41　各断面中心点最大沉降分布

参 考 文 献

[1] 王波. 城市地下空间开发利用问题的探索与实践[D]. 北京:中国地质大学(北京),2013.

[2] 王梦恕. 中国铁路、隧道与地下空间发展概况[J]. 隧道建设,2010,4:351-364.

[3] 侯艳娟,张顶立. 浅埋大跨隧道穿越复杂建筑物安全风险分析及评估[J]. 岩石力学与工程学报,2007,26(s2):3718-3726.

[4] 陈佑新. 飞机滑行道下的长大箱涵顶进技术[J]. 建筑科学,2007,23(7):94-97.

[5] 周华飞. 移动荷载作用下结构与地基动力响应特性研究[D]. 杭州:浙江大学,2005.

[6] 凌建明,刘文,赵鸿铎. 大型军用飞机多轮荷载作用下水泥混凝土道面的结构响应[J]. 土木工程学报,2007,4:60-65.

[7] 张献民,董倩,吕耀志,等. 水泥混凝土跑道边缘区域力学响应[J]. 南京:南京航空航天大学学报,2013,5:693-699.

[8] 翁兴中,寇雅楠,颜祥程. 飞机滑行作用下水泥混凝土道面板动响应分析[J]. 振动与冲击,2012,14:79-84.

[9] 许金余,赵国藩. 机场水泥砼道面动荷载系数的研究[J]. 大连:大连理工大学学报,1997,3:125-128.

[10] 梁磊,顾强康,刘国栋,等. 基于 ADAMS 仿真确定飞机着陆道面动荷载[J]. 西南交通大学学报,2012,3:502-508.

[11] 邢耀忠,刘洪兵. 机场刚性道面地基参数识别研究[J]. 中南公路工程,2006,4:52-54.

[12] 张伟刚,陈向明,左兴. 动荷载作用下机场刚性道面模态参数识别研究[J]. 计算机仿真,2012,9:73-76,202.

[13] 罗昆升,赵跃堂,陈云鹤,等. 飞机在预应力桥梁上降落过程的数值模拟分析[J]. 振动与冲击,2010,1:188-192,246.

[14] 高峰,付钢,胡文亮. 移动飞机荷载对机场下部隧道的影响[J]. 重庆交通大学学报(自然科学版),2012,2:218-222.

[15] 王飞. 飞机荷载作用下隧道结构的动力特性及稳定性分析[D]. 重庆:重庆交通大学,2012.

[16] 赵爽. 运营机场与其下穿隧道动静力响应研究[D]. 重庆:重庆交通大学,2014.

[17] Zaman M, Taheri M R, Alvappillai A. Dynamic response of a thick plate on viscoelastic foundation to moving loads[J]. International Journal for Numerical and Analytical Methods in Geomechanics,1991,15(9):627-647.

[18] Kim S M, Won M C, Mccullough B F. Airport pavement response under moving dynamic aircraft loads [C]//Proceedings of International Air Transportation Conference, Orlando,2002.

[19] Johnson D, Sukumaran B. Investigation of the performance of flexible airport pavements under moving aircraft wheel loads with wander using finite element analysis [C]// GeoHunan International Conference,Changsha,2009.

[20] Datta N, Thekinen J D. Wet vibration of axially loaded elastically supported plates to moving

loads:Aircraftlanding on floating airports[C]//Proceedings of the International Conference on Offshore Mechanics and Arctic Engineering,New York,2013.

[21] Airbus. Airbus A380 aircraft characteristics airport and maintenance planning.

[22] 谭忠盛,孙晓静,马栋,等. 浅埋大跨隧道管幕预支护技术试验研究[J]. 土木工程学报, 2015,(s1):429-434.

[23] Hemerijckx E. Tubular thrust jacking for underground roof construction on the antwerp metro[J]. Tunnels and Tunneling,1983,(5):13-15.

[24] Darling P. Jacking under Singapore's busiest street[J]. Tunnels and Tunneling,1993,23: 19-20.

[25] Coller P J, Abbott D G. Microtunneling techniques to form an insitu barrier around existing structures[C]//High Level Radioactive Waste Management Proceedings of the Annual International Conference,Las Vegas,1994.

[26] 熊谷镒. 台北市复兴北路穿越松山机场地下道之规划与设计[M]. 厦门:厦门大学出版 社,1997.

[27] Darby, Arthur W. The airside road tunnel, Heathrow Airport, England Proceedings[C]// Rapid Excavation and Tunnelling Conference,New Orleans,2003.

[28] 吴光坤,李玮. 广东珠海机场停机坪地道工程施工[J]. 水利水电施工,2005,(2):65,66.

[29] 吴国安,黄盛裕,林耀辉. 台北捷运系统内湖线 CB420 标潜盾工程穿越松山机场施工全纪 录与检讨[R]. 昆明:隧道建设编委会,2006:789-793.

[30] 周正峰,凌建明. 基于 ABAQUS 的机场刚性道面结构有限元模型[J]. 交通运输工程学 报,2009,9(3):39-44.

[31] 高峰,付钢,胡文亮. 移动飞机荷载对机场下部隧道的影响[J]. 重庆:重庆交通大学学报, 2012,(2):218-222.